TRISH DESEINE

ET MOURIR DE PLAISIR

100 desserts à tomber

崔西·德桑妮 Trish Deseine————著　Luciole————譯

銷魂甜點100

法國百萬冊暢銷食譜作家 教你製作令人吮指回味的歐式甜點

TRISH DESEINE
ET MOURIR DE PLAISIR
100 desserts à tomber

Introduction

在開始之前，有一個小提醒：這本書的書名*，是為了成為繼奈潔拉‧勞森(Nigella Lawson)《如何成為廚房女神》的第二本風靡食譜書（但其實一開始沒這麼想）。奈潔拉書名的原意當然不是要摧毀這近數十年來女性主義的盛行，再把女性綁架回廚房裡。然而這本書的書名當然也不是安樂死的導遊指南。只是單純地想對抗甜點越來越在我們生活中消失的趨勢。

馬克‧吐溫這樣寫過：「有些人為了身體健康，嚴格限制自己的飲食——那些被冠上壞名聲的吃的、喝的、抽的。但是這很奇怪，就像付出所有自己的財產買一頭已經無法產牛奶的牛。」

而今日的我們，食譜書或許要改成食物產品使用說明書，書中應該包含一些健康警示或健康紅綠燈。如果真是這樣的話，這本書就會被貼上「謹慎使用！」、「請務必由成人陪同操作」的貼紙。

甜點食材組成包含高油高糖，確實有提前迎接死亡風險沒錯，但絕不是強制（強迫）大家毫無節制地大口大啖直到心室肥大、心血管堵塞、脂肪肝、味蕾麻痺、鑲滿糖分為止。

我以成人的責任感向你保證這些食譜能讓你做得開心，一個禮拜一次，算是合理的頻率吧？我為了精挑細選出100道食譜，傷透了腦筋。而最後這些選出來的，都是在我想到「甜點」這個字時，最常在我腦海出現的。夏天和秋天，我傾向莓果類甜點和冰淇淋。假日或家庭聚餐時，我總是喜歡一些法式經典甜點和鬆軟口感的甜點。還有一些我常在節慶場合時會端上的甜點。雖然有些食材有點不健康，但絕大部分的甜點都是使用基本且方便取得的材料做成的。

本書書名與哀傷、疾病、過度等形容詞完全無關，反而是在為我們活著（還活著、或是盡可能活的長久）的喜悅發聲。肉體的死亡是所有人的共同結局，不是嗎？死亡是我們大家最後都要面臨的，過程或長或短，何不在期間活得精采？或許可以說，是有方法可以控制我們的生命長短，但這不就跟玩樂透一樣，有輸有贏？

甜點已漸漸成為少數能慰藉我們心靈的前幾名之一。雖然說是不能幫你對抗死亡啦。但我希望這本書能為你提供許多點子，從現在直到審判日來臨。

現在，換你開始動手吧！無論是甜點還是人生！最後送你一句皮耶・狄波吉（Pierre Desproges）的名言：「在迎接死亡的期間，幸福活著！」

崔西・德桑妮

*編註：本書法文書名為《讓你死個痛快的100道甜點》

I · 法式經典 / Classiques

Page **17** 香蕉太妃派 Banoffee

Page **18** 莓果帕芙洛娃 Pavlova

Page **21** 巧克力列日咖啡 Chocolat-café liégeois

Page **22** 焦糖牛奶巧克力慕斯
Mousse au chocolat au lait et caramel au beurre salé

Page **25** 焦糖米布丁 Riz au lait au caramel de L'Ami Jean

Page **26** 漂浮之島 Îles flottantes

Page **29** 咖啡達克瓦茲蛋糕
Dacquoise au café, ganache au chocolat et praliné aux noisettes

Page **30** 冰淇淋夾心蛋糕 Vacherin

Page **33** 迷你蒙布朗 Minibouchées mont-blanc

Page **34** 反烤蘋果塔佐卡爾瓦多斯酸奶油
Tarte Tatin et crème fraîche au calvados

Page **37** 巧克力塔 Tarte au chocolat noir

Page **38** 檸檬塔 Tarte au citron

Page **40** 洋梨杏仁塔 Tarte amandine aux poires

Page **43** 櫻桃克拉芙緹 Clafoutis aux cerises

Page **44** 楓丹白露 Fontainebleau

Page **47** 經典焦糖布丁 Crème au caramel classique

Page **48** 金磚蛋糕 Financiers

Page **51** 瑪德蓮蛋糕 Madeleines

Page **52** 巧克力豆餅乾 Cookies aux pépites de chocolat

Page **55** 花生醬餅乾 Cookies au beurre de cacahuètes

Page **56** 燕麥餅乾 Cookies aux flocons d'avoine

Page **59** 香草奶油酥餅 Shortbread thins à la vanille

II · 巧克力 / Chocolat

Page **63** 健力士巧克力蛋糕佐鹽之花巧克力糖霜
Gâteau intense au chocolat parfumé à la Guinness®, glaçage chocolat et fleur de sel

Page **64** 巧克力糖霜蛋糕捲佐香緹馬斯卡彭奶油餡
Gâteau roulé et glaçage au chocolat noir, chantilly au mascarpone

Page **67** 巧克力蛋糕佐奶油起司糖霜
L'ultime fudge cake au chocolat, glaçage au cream cheese

Page **68** 健力士布朗尼 Guinness® brownies

Page **71** 巧克力棒蛋糕 Gâteau aux barres chocolatées

Page **72** 巧克力塔佐花生醬、奧利歐餅乾
Tarte au chocolat, beurre de cacahuètes et biscuits Oreo®

Page **75** 巧克力蛋糕佐薑片柚子糖霜
Gâteau au chocolat, glaçage au yuzu et au gingembre

Page **76** 巧克力太妃派佐巧克力醬、蘭姆葡萄冰淇淋
（不用製冰器！） Banoffee au chocolat, glace rhum-raisins (sans sorbetière!), sauce fudge au chocolat

Page **79** 白脫牛奶巧克力蛋糕
Gâteau au chocolat au lait ribot, sucre brun et fleur de sel

Page **80** 白味噌布朗尼 Brownies au shiro miso

Page **83** 橙香玉米粥蛋糕
Gâteau de polenta au chocolat et à l'orange

Page **84** 棉花糖塔 Tarte aux s'mores

Page **86** 摩卡達克瓦茲蛋糕 Dacquoise au moka

Page **89** 乾果、咖啡巧克力甘納許免烤蛋糕
Traybake sans cuisson aux figues, dattes et noix de pécan, ganache au chocolat et au café

Page **90** 咖啡巧克力冰淇淋蛋糕
Gâteau glacé au chocolat et au café, sauce fudge au chocolat

Page **92** 巧克力香豆國王派
Galette des rois au chocolat et crème d'amandes à la fève tonka

Page **95** 西洋梨巧克力海綿蛋糕 完全自製、獻給最棒的甜點師們 Génoise chocolat et poire, tout fait maison, pour les meilleurs pâtissiers

Page **96** 巧克力瑪芬佐奶油起司糖霜 & 焦糖花生
Muffins au chocolat noir, glaçage au cream cheese et cacahuètes caramélisées

Page **99** 巧克力鬆餅佐香醍鮮奶油 & 健力士焦糖醬
Gaufres au chocolat, crème Chantilly et sauce caramel à la Guinness®

Page **100** 杏仁巧克力蛋糕
Gâteau au chocolat, aux amandes et à l'huile d'olive

Page **103** 奧利歐松露球佐摩卡奶昔
Truffes de cookies Oreo® et cream cheese, milk-shake au moka

III • 濃醇奶香 / Crémeux

Page **107** 白巧克力起司蛋糕佐波本威士忌楓糖
Cheesecake au chocolat blanc et sirop d'érable au bourbon

Page **108** 香草米布丁佐雅馬邑白蘭地漬李
Riz au lait à la vanille, pruneaux à l'armagnac

Page **111** 聖誕甜酒奶凍
Syllabub de Noël, compote de kumquats et d'airelles

Page **112** 檸檬起司蛋糕 Cheesecake au citron

Page **115** 肉桂希臘優格佐香菜紅糖巧克力
Yaourt grec à la cannelle, coriandre, vergeoise et chocolat

Page **116** 抹茶提拉米蘇 Matchamisu

Page **119** 抹茶奶酪佐牛奶巧克力淋醬
Panna cotta au thé matcha, sauce au chocolat au lait

Page **120** 番紅花烤布蕾佐血橙雪酪、榛果餅乾
Crème brûlée au safran, sorbet à l'orange sanguine, cookies au beurre noisette

Page **123** 鮮奶油愛爾蘭咖啡 Crèmes Irish coffee

Page **124** 百香果奶酪 Panna cotta aux fruits de la Passion

Page **127** 檸檬奶霜 & 蜂蜜餅乾
Crèmes au citron et biscuits au miel

Page **129** 焦糖牛奶醬
Caramel au lait (ou confiture de lait pour les Français !)

IV • 柔軟綿密 / Moelleux

Page **133** 紅蘿蔔蛋糕 LE carrot cake

Page **135** 焦糖椰棗布丁 Pudding caramélisé aux dattes

Page **136** 開心果優格蛋糕佐玫瑰蜂蜜糖漿
Gâteau au yaourt, miel, eau de rose et pistaches

Page **139** 核桃咖啡蛋糕佐奶油糖霜
Gâteau au café et aux noix, glaçage à la crème au beurre

Page **141** 維多利亞海綿蛋糕 Victoria sponge cake

Page **142** 松子蛋糕佐杏仁、檸檬、瑞可塔起司
Gâteau aux pignons de pin, amandes, citron et ricotta

Page **144** 蜂蜜椰棗香蕉蛋糕佐威士忌糖霜
Cake aux dattes, bananes et miel, glaçage au whisky

Page **147** 天使蛋糕 Angel cake

Page **149** 橙香可麗餅 Crêpes Suzette

Page **150** 美式鬆餅 Fluffy pancakes à l'américaine

Page **153** 法式可頌吐司佐焦糖、波本威士忌
Croissants perdus au caramel et au bourbon

Page **154** 帥哥廚師里尼亞克的法式吐司
Brioche perdue façon Cyril Lignac

Page **156** 比利時鬆餅 / 美式白脫牛奶鬆餅
Gaufres belges / Gaufres au lait ribot à l'américaine

Page **158** 法式吐司佐果醬 & 威士忌
Pain perdu à la marmelade et au whisky

Page **161** 法式吐司佐花生醬 & 果凍
Pain perdu au beurre de cacahuètes et à la gelée

Page **162** 三奶蛋糕 Tres leches cake

Page **165** 焦糖迷你泡芙佐馬斯卡彭奶霜
Minichoux au caramel à tremper dans leur crème au mascarpone

Page **167** 精靈蛋糕 / 紅味噌奶霜
Fairy cakes / Crème au miso rouge

Page **168** 干邑檸檬蛋糕 Gâteau au citron et au cognac

V • 水果風味 / Fruité

Page **173** 黑莓蘋果蛋糕 Shortcake aux mûres et aux pommes

Page **174** 柑橘蛋糕 Gâteau succulent aux clémentines

Page **177** 伊頓雜糕佐玫瑰、草莓、烤大黃
Eton mess à la rose, fraise et rhubarbe rôtie

Page **179** 帕芙洛娃佐百香果 & 芒果
Pavlova aux fruits de la Passion et à la mangue

Page **180** 蘋果奶酥佐楓糖漿、焦糖肉丁 & 月桂香草醬
Crumble aux pommes, sirop d'érable, lardons caraméllsés et crème anglaise au laurier

Page **183** 蜜桃克拉芙緹佐牛奶雪酪 & 迷迭香糖
Clafoutis aux pêches de vigne, sorbet au lait ribot et sucre au romarin

Page **184** 柚香薑味鳳梨提拉米蘇
Tiramisu à l'ananas, gingembre et yuzu, crème Chantilly

Page **187** 摺疊蘋果塔佐香料焦糖醬
Tarte pliée aux pommes, sauce épicée au caramel et aux pommes

Page **188** 草莓西瓜檸檬草果汁
Soupe de fraises, pastèque et citronnelle, crème fouettée

Page **191** 免烤蛋糕佐栗子醬、蘋果泥 & 咖啡奶油
Gâteau presque sans cuisson à la crème de marron, pommes et café

Page **192** 覆盆子蛋糕捲 Roulé aux framboises

Page **195** 謹獻給極度懶惰的饕客：英式莓果杯
Trifle au citron et aux myrtilles pour les gourmands ultra-paresseux

Page **196** 草莓薄片佐香料糖
Carpaccio de fraises fraîches et sucre aux herbes aromatiques

Page **199** 檸檬司康佐檸檬奶醬
Scones au citron, lait ribot et cassonade, beurre crunchy au citron

Page **200** 檸檬椰子奶酪
Panna cotta à la noix de coco et au citron vert

Page **203** 葡萄柚蛋黃醬 Curd au pamplemousse

VI • 冰涼甜品 / Glacé

Page **207** 冰淇淋反烤水果派
Tatin aux bananes, mangues et dattes, glace à la crème fraîche

Page **208** 麥片餅乾冰淇淋塔佐奶油糖淋醬 Tarte glacée aux cookies de flocons d'avoine, sauce au butterscotch

Page **211** 香煎香草鳳梨片佐芫荽檸檬冰淇淋 Ananas poêlé à la vanille, glace au citron vert et à la coriandre

Page **213** 蜜烤香蕉佐焦糖蘭姆酒、巧克力淋醬 Banana split grillé, sauce au caramel au rhum brun et sauce fudge au chocolat

Page **214** 檸檬冰盒蛋糕 Ice box cake au citron

Page **217** 奶油曲型餅乾佐蜂蜜橙花優格冰淇淋 Biscuits au beurre tordus, yaourt glacé au miel et à la fleur d'oranger

Page **218** 味噌薑味楓糖椰奶冰淇淋
Glace au miso, coco, sirop d'érable et gingembre

Page **221** 爆米花冰淇淋佐煙燻巧克力淋醬
Glace au popcorn et sauce fumée au chocolat

Page **222** 牛奶穀物冰淇淋 Glace aux céréales et au lait

Page **225** 麵包冰淇淋（不需製冰器） Glace au pain brun (sans sorbetière)

Page **226** 橄欖油冰淇淋 Glace à l'huile d'olive

Page **229** 西洋梨荔枝清酒雪酪 Sorbet de poire et litchi au saké

Page **230** 佛手柑雪酪 Sorbet à la bergamote

Page **232** 內格羅尼雪酪 Sorbet façon Negroni

Page **235** 薄荷檸檬雪酪佐孜然辣椒巧克力 Sorbet menthe et citron vert, écorce de chocolat au cumin et au piment

Page **236** 紅椒覆盆子雪酪佐胡椒、海鹽巧克力餅乾
Sorbet aux poivrons rouges et aux framboises, chocolat, miettes de chocolat au poivre de Sarawak et fleur de sel

Page **238** 荔枝冰沙 / 西瓜冰沙
Slush au litchi / Slush à la pastèque

Page **241** 阿芙佳朵冰淇淋 Affogato

16

法式經典

Classiques

59

× 香蕉太妃派 ×
Banoffee

---
6 人份 / 20 分鐘準備時間

這份食譜，無需煩惱要自己製作焦糖醬，因為市面上有豐富的焦糖牛奶醬或鹹味焦糖奶油醬可供選擇。但是，可不能忽略消化餅乾。如果你找不到傳統的英式消化餅乾，可以用巧克力口味的穀物麥片替代，口味大同小異。

300g 消化餅或穀物麥片（Granola®）
100g 融化的半鹽奶油
200g 焦糖牛奶醬或鹹味焦糖奶油醬
3 根中型熟成香蕉
300㎖ 鮮奶油
2 湯匙馬斯卡彭起司
50g 糖粉（依個人喜好）
適量巧克力裝飾碎片

將消化餅壓成碎屑，與融化奶油拌勻後，置於 20 ～ 22 公分直徑大的派皮模型裡並壓平。將派皮放置冰箱數分鐘，使其變硬。

將焦糖牛奶醬或鹹味焦糖奶油醬塗抹於派皮。可以稍微加熱一下焦糖牛奶醬（或鹹味焦糖奶油醬），較容易塗抹。

香蕉切成小塊後，鋪在焦糖上。

以電動打蛋器將鮮奶油與馬斯卡彭起司攪拌均勻。依個人喜好可另外加糖粉一起拌入。將攪拌好的鮮奶油鋪平在香蕉上。

撒上巧克力裝飾碎片。儘早品嚐，或先置於冰箱，享用前再拿出即可。

✕ 莓果帕芙洛娃 ✕
Pavlova

6～8 人份 / 10 分鐘準備時間 / 1 小時烹調時間 / 2 小時冷卻時間

彷彿軟綿綿的奶油躺在香甜酥脆的雲朵上，是一道我最愛的夢幻甜點！

4 顆蛋白室溫中型
220g 白砂糖
1 茶匙白醋或檸檬汁
1 湯匙玉米粉
½ 茶匙香草精
300㎖ 鮮奶油
2 湯匙馬斯卡彭起司
300g 草莓和覆盆子

烤箱預熱至 170 度（th. 5-6）。將 4 顆蛋白放入攪拌缸裡，砂糖分數次加入，以手提打蛋器打發至蛋白霜紮實並有光澤。4、5 分鐘後，取一小部分蛋白霜，以手指試試是否摸得出糖的顆粒狀。如果可以感覺到顆粒，再將蛋白霜打發一下。否則帕芙洛娃蛋糕會垮掉，也就是說烘烤的時候，糖粒會變成糖漿狀流下並扁塌。

於一容器中均勻混合白醋（或檸檬汁）、玉米粉和香草精，加入蛋白霜，小心攪拌均勻。

將烤盤鋪上烘焙紙。以刮刀將蛋白霜放進烤盤，堆成大約直徑 15 公分的圓形狀。再輕輕地由中心向外抹，但是別壓抹得太扁。

將烤箱溫度調至 120 度（th. 4）後，蛋白霜放進烤箱烘烤 1 小時。烤箱關火後，打開烤箱門，讓帕芙洛娃冷卻。

將馬斯卡彭起司及鮮奶油放進手提打蛋器攪拌成霜狀，鋪抹於帕芙洛娃上。品嚐之前，再將新鮮的覆盆子與草莓裝飾於蛋糕上。

× 巧克力列日咖啡 ×
Chocolat-caf liégeois

---
6 人份 / 10 分鐘準備時間

原本這道甜點應該是以加糖的冰咖啡加上一球香草冰淇淋，再放上鮮奶油。但漸漸地，巧克力也被納入，使這份甜點的口感更加豐富。就個人而言，我喜歡綜合版的列日咖啡：巧克力、咖啡和美味冰淇淋。希望這樣的版本能帶給你一成不變、有別於一般餐廳提供的全新感受。

6 球香草冰淇淋

醬汁
200g 黑巧克力
200㎖ 鮮奶油
2 茶匙濃縮咖啡
50g 半鹽奶油

香醍鮮奶油
（la creme Chantilly）
200㎖ 新鮮鮮奶油
2 湯匙馬斯卡彭起司
1 湯匙糖粉

製作醬汁，將黑巧克力、鮮奶油、濃縮咖啡、奶油一起放進鍋中直接加熱，或是隔水加熱（將攪拌盆放在輕微沸騰的鍋中加熱）。攪拌至醬汁呈光滑狀後，靜置冷卻。

製作香醍鮮奶油，將鮮奶油、馬斯卡彭起司及糖粉放入攪拌盆，以手提打蛋器拌勻成奶油霜。

於每個高腳杯中放入一球冰淇淋，淋上巧克力咖啡醬汁，再擺上一點香醍鮮奶油裝飾。開動吧！

焦糖牛奶巧克力慕斯

Mousse au chocolat au lait et caramel au beurre salé

6 人份 / 10 分鐘準備時間 / 5 小時冷藏時間

這是一道備受大眾喜愛的甜點。如果可以，使用可可含量 35％ 以上的牛奶巧克力製作。

100g 白砂糖	200g 牛奶巧克力
200㎖ 鮮奶油	3 顆雞蛋
50g 半鹽奶油	

製作焦糖，將白砂糖及 1 湯匙的水放入鍋中，加熱至水沸騰後，轉小火煮至呈焦糖狀。

在另一個鍋中加熱鮮奶油。將焦糖關火後，拌入奶油和加熱的鮮奶油。請仔細攪拌，使糖充分溶解，不結塊成形。

待焦糖漸漸冷卻，將切成丁狀的牛奶巧克力慢慢加入，拌勻混合。

待巧克力焦糖醬充分冷卻後，將蛋黃及蛋白分開。蛋白以手提打蛋器打成霜狀。

將蛋黃輕微打散後，加入至巧克力焦糖醬中。以刮刀將蛋白霜一起拌入，輕輕地上下拌勻。

將慕斯分裝於玻璃杯、小碗或法式布蕾杯，放進冰箱冷藏至少 4 或 5 小時後享用。

× 焦糖米布丁 ×

Riz au lait au caramel de L'Ami Jean

6 人份 / 10 分鐘準備時間 / 2 小時烹調時間

真正的美食界頌歌,這份食譜(靈感來自巴黎第七區的一間餐廳 L'Ami Jean)。米的潤滑感搭配香醍鮮奶油及焦糖核桃一起享用,在眾甜點中一枝獨秀。這份食譜雖然耗時,但結果是相當值得的。如果你在晚餐招待朋友這道甜點,那就別準備前菜和乳酪!

米布丁

200g 阿柏里歐米(arborio)

1ℓ 全脂牛奶

200g 糖粉

200㎖ 香草醬(作法請見下頁食譜,去除巧克力部分)

200㎖ 新鮮鮮奶油

6 湯匙焦糖醬(做法請見前頁食譜)

焦糖核桃

100g 核桃

125g 白砂糖

將米和牛奶放入鍋中,煮至沸騰後,轉小火燉煮約兩小時,期間不時攪拌。為了讓米柔軟易入口,燉煮時若米太乾,則需再加入牛奶。.

熄火後加入砂糖,仔細攪拌使其充分溶解。待米冷卻後,加入香草醬拌勻。將其放置陰涼處,充分冷卻。

以手提打蛋器將鮮奶油打發成香醍鮮奶油狀,與米混合。保留一小部分做為裝飾。

在平底鍋中融化白砂糖後加入核桃,使核桃焦糖化。取另一個鍋子以小火加熱軟化焦糖醬。米布丁以打發的鮮奶油裝飾,佐焦糖醬、焦糖核桃一起享用。

× 漂浮之島 ×
Îles flottantes

4 人份 / 30 分鐘準備時間 / 30 分鐘烹調時間

搭配經典香草醬或巧克力，漂浮之島是種美味懷舊又容易製作的甜點。

香草醬

150㎖ 全脂牛奶

150㎖ 液狀鮮奶油

1 支香草莢

4 顆蛋黃

50g 細砂糖

50g 黑巧克力（依個人喜好）

蛋白霜

4 顆蛋白

1ℓ 牛奶

50g 細砂糖

50g 杏仁片

製作香草醬，在鍋中放入牛奶、鮮奶油及剖成兩半的香草莢煮至沸騰。

等待沸騰的這段期間，將蛋黃及細砂糖加入攪拌盆中，打發至顏色變白、份量為原本的兩倍。接著將加熱的牛奶、鮮奶油及香草莢倒入一起拌勻，再全部倒回鍋中以小火慢煮。過程中不斷以木匙攪拌，直到醬汁變得濃稠。但請小心，別煮過頭了！

以木匙舀起醬汁，若醬汁濃稠的程度可以覆蓋且停留於木匙背面時，就可以熄火，並將醬汁倒入攪拌盆中。如果要製作巧克力版本的香草醬，在這個步驟加入巧克力，仔細攪拌使其融化。

靜置香草醬，充分冷卻後放進冰箱冷藏，要享用時，再將香草莢取出即可。

以手提打蛋器將蛋白打發成霜狀。牛奶倒入鍋中加熱至微微沸騰。將蛋白霜分四次加入牛奶中浸泡數分鐘。你也可以使用微波爐加熱 15 秒。

在鍋中加熱砂糖，使其融化，煮至呈焦糖狀（或使用現成焦糖）。取出香草醬，放入小碗中。再以湯匙輔助擺上漂浮之島（蛋白霜），最後在享用前裝飾上焦糖醬及杏仁片即可。

× 咖啡達克瓦茲蛋糕 ×

Dacquoise au café
ganache au chocolat et praliné aux noisettes

10 人份 / 1 小時準備時間 / 1 小時 15 分烹調時間

一道令人驚艷的甜點，蛋白霜、榛果夾心、巧克力甘納許及咖啡奶油霜層層組成，真享受啊！

蛋白霜

250g 榛果

300g 細砂糖

25g 玉米粉

6 顆蛋白

1 小撮鹽

巧克力甘納許

125g 鮮奶油

150g 黑巧克力

咖啡奶油霜

4 顆蛋黃

50g 玉米粉

125g 細砂糖

600㎖ 全脂牛奶

2 茶匙濃縮咖啡

200㎖ 新鮮鮮奶油

榛果夾心餡

150g 細砂糖

150g 烘烤過的榛果

製作蛋白霜，預熱烤箱至 180 度（th. 6）。以電動攪拌器稍微將榛果打碎，但別太細碎。將其鋪平於烤盤，烘烤 10 至 12 分鐘，期間翻拌 1 或 2 次。冷卻後，與 100g 細砂糖、玉米粉一起混合拌勻。

將烤箱設定為 150 度（th. 5）。攪拌盆中放入蛋白及鹽打發。再將剩下的糖加入一起打發至蛋白霜紮實並有光澤。以一大湯匙將榛果粉和蛋白霜一起拌勻。

將蛋白霜倒在烘焙紙上，做成三個直徑 20 公分的碟狀。也可以使用擠花袋製作。將蛋白霜烘烤一小時，期間規律地更換烤盤位置，使其均勻受熱。烤好後，將烤箱門微開，使蛋白霜冷卻。

製作巧克力甘納許，在鍋中加熱奶油，攪拌盆中放入剝塊的巧克力，將融化的奶油倒入。靜置 1 分鐘，使巧克力融化後再拌勻。靜置冷卻。

製作咖啡奶油霜，將蛋黃、玉米粉及細砂糖打發至顏色變白、份量增加一倍。

將牛奶倒入鍋中加熱至沸騰。將牛奶與咖啡加入上一步驟的蛋黃霜一起拌勻。再將全部一起倒回鍋中，以小火慢煮兩分鐘，期間一邊攪拌，咖啡奶油霜質地會變得濃稠。熄火後，覆上保鮮膜，靜置冷卻。

將鮮奶油以手提打蛋器打發，再慢慢分批加入咖啡奶油霜裡。

製作榛果夾心餡，在鍋中加熱融化砂糖成焦糖色。碾碎榛果，鋪平於矽膠墊或烘焙紙上。倒入焦糖，冷卻凝固後，備以裝飾用。

在兩片蛋白霜上鋪抹一層巧克力甘納許，再塗抹一層咖啡奶油霜，疊起後再放上另一片蛋白霜。最後以榛果碎片做為裝飾，就完成達克瓦茲蛋糕了。

× 冰淇淋夾心蛋糕 ×
Vacherin

8 人份 / 30 分鐘準備時間 / 1 小時烹調時間 / 2 小時靜置時間 / 1 夜冷凍時間

在經歷過第 29 頁「全部都是親手做」的達克瓦茲蛋糕後，你應該同意來點輕鬆的夾心蛋糕吧。可以選擇跳過製作蛋白霜的部分，直接購買現成的蛋白霜來完成冰淇淋蛋糕吧。

3 顆蛋白
200g 細砂糖
500g 香草冰淇淋
500g 覆盆子或草莓冰淇淋
250㎖ 新鮮鮮奶油
2 湯匙馬斯卡彭起司
50g 糖粉
1 茶匙香草精

烤箱預熱至 150 度（th. 5）。在攪拌盆中放入蛋白與 50g 白砂糖，以手提打蛋器打發成霜狀。剩餘的砂糖分批一點一點加入，打發至蛋白霜紮實有光澤。

將蛋白霜倒於鋪了烘焙紙的烤盤或矽膠烤墊上，分成兩個約直徑 20 公分的碟狀。你也可以使用擠花袋將蛋白霜擠成螺旋狀。將烤箱溫度調為 100 度（th. 3-4），烘烤 1 小時。烤好後，將烤箱門微開，靜置冷卻 2 小時。

將其中一個蛋白霜放進直徑大約 20 公分的可拆式模型裡。可適當切除邊緣，讓蛋白霜能置入模型裡。

在蛋白霜上，先抹上一層香草冰淇淋，再抹上一層覆盆子或草莓冰淇淋，仔細將冰淇淋抹平後，再輕輕放上另一個蛋白霜。

將鮮奶油、馬斯卡彭起司、糖粉及香草精以手提打蛋器打成香醍鮮奶油，裝飾於蛋糕上。將蛋糕放進冷凍層，直到奶油成形。

享用前 20 分鐘取出蛋糕，利用手的溫度，將蛋糕脫模。建議搭配新鮮水果、香醍鮮奶油及覆盆子或草莓水果醬一起享用。

╳ 迷你蒙布朗 ╳
Minibouchées
mont-blanc

約 12 個 / 15 分鐘準備時間 /
35 分鐘烹調時間 / 1 小時靜置時間

這個版本的蒙布朗跟原本的非常不同。就像安潔莉娜茶沙龍（salon de thé Angelina）一樣：上層細麵狀的栗子醬放在巢形蛋白霜上。在這裡，我將甜的栗子醬和香醍鮮奶油及法式酸奶油一起享用，這是為了可以在都是甜味的口感中，嚐到一點酸酸的滋味。

蛋白霜	香醍鮮奶油
3 顆蛋白	200ml 新鮮鮮奶油
120 細砂糖	200g 法式酸奶油
1 茶匙香草精	約 6 湯匙栗子醬

烤箱預熱至 150 度（th. 5）。在烤盤上鋪上烘焙紙或矽膠烘焙墊。

製作蛋白霜，在攪拌盆中放入蛋白，並以手提打蛋器打發成接近霜狀後。將砂糖分批加入，每加入一次就仔細攪拌。蛋白霜應該呈紮實光滑狀，並且砂糖完全溶解。可取一小部分的蛋白霜，以手指捏捏看是否還感受的到糖粒。

使用擠花袋或簡單一點使用茶匙，將蛋白霜分成一小團一小團放在烤盤上。烘烤 35 分鐘，直到蛋白霜變脆並微微上色。烤好後，靜置約一小時，使其完全冷卻變乾。

將鮮奶油以手提打蛋器打發成香醍鮮奶油。在每個蛋白霜上，鋪上一茶匙打發的香醍鮮奶油和酸奶油。再放上一點栗子醬做裝飾。

╳ 反烤蘋果塔佐卡爾瓦多斯酸奶油 ╳

Tarte Tatin
et crème fraîche au calvados

---

6 人份 / 10 分鐘準備時間 / 30 分鐘烹調時間

一道必學甜點！製作方式非常簡單！如果你使用加熱過的鑄鐵烤盤更容易。

蘋果塔

3 顆帶酸味的蘋果

100g 細砂糖

2 湯匙水

75g 半鹽奶油

1 張現成千層派皮

卡爾瓦多斯酸奶油

200g 法式酸奶油

2 湯匙糖粉

2 湯匙卡爾瓦多斯蘋果白蘭地（calvados）

預熱烤箱至 180 度（th. 6）。蘋果去皮去核後，切成四塊。

將糖和水放入塔盤或鑄鐵烤盤，放入烤箱中加熱。使其焦糖化後，將烤盤轉動一下，讓焦糖滑動，不黏於烤盤上。將烤盤取出，加入奶油。

稍微轉動一下烤盤後，放上切好的蘋果。以小火加熱三到四分鐘，期間將蘋果翻動一次，（可以將蘋果擺成漂亮的花瓣狀）。

將千層派皮覆蓋在蘋果上，把酥皮邊緣塞入烤盤中。烘烤約 25 分鐘，直到派皮表面上色。

在烘烤期間，取一容器，將鮮奶油、糖粉及蘋果白蘭地混和均勻，完成卡爾瓦多斯酸奶油。

將蘋果塔從烤箱中取出，靜置 3 分鐘，使其冷卻後倒扣至一個有深度的盤子中（為了能盛裝全部的焦糖）。搭配卡爾瓦多斯酸奶油享用。

× 巧克力塔 ×
Tarte au chocolat noir

8～10 人份 / 20 分鐘準備時間 /
20 分鐘烹調時間 / 3 小時靜置時間

對我而言，這道是眾多經典塔派甜點中最感
性、最讓人感到滿足的一道甜點……

1 張現成油酥麵團	3 顆蛋黃
300g 黑巧克力	40g 軟化的無鹽奶油
200g 鮮奶油	

預熱烤箱至 200 度（th. 6-7）。接著製作塔皮，將麵團鋪於塔盤中，放上烘焙紙後，再放入烘焙重石（或乾豆子）。將塔皮烘烤 20 分鐘，直到塔皮上色。取出烤箱，使其充分冷卻。

將巧克力剝成小塊放入攪拌盆中。在鍋中放入鮮奶油加熱，倒入放了巧克力的攪拌盆。充分攪拌，讓巧克力融化。然後拌入蛋黃及奶油，攪拌均勻。

將拌好的巧克力醬倒入塔皮中，靜置約 3 小時，待巧克力凝固後，即可享用。

× 檸檬塔 ×
Tarte au citron

8 人份 / 1 小時準備時間 / 1 小時靜置時間 / 30 分鐘冷凍時間 / 40 分鐘烹調時間

將這道經典偉大的甜點加入你最愛的甜點清單裡吧！雖然它需要一點技巧，但還算是道簡單製作的甜點。更不用說它可是偉大的甜點教母德莉亞·史密斯（Delia Smith）的不敗食譜！

塔皮
175g 麵粉
1 小撮鹽
75g 軟化的無鹽奶油
50g 糖粉
1 顆蛋黃

檸檬醬
5 顆蛋黃
150g 細砂糖
5 顆檸檬汁（225㎖）及檸檬皮屑
175㎖ 鮮奶油
2 湯匙馬斯卡彭起司

製作塔皮，攪拌盆中放入麵粉、鹽及奶油，以手指混合成麵包屑狀。糖粉過篩後混入麵團中，再加入已與一湯匙水打勻的蛋黃。

將麵團揉成球狀，並用保鮮膜封好，放入冰箱冷藏 1 小時。

麵團冷藏時，準備檸檬醬，在攪拌盆中，輕輕地將蛋黃及糖打勻。別打得太久，以免蛋黃過於濃稠。加入檸檬汁、檸檬皮屑、鮮奶油及馬斯卡彭起司一起拌勻。

將麵團擀平後，鋪於直徑 22 公分、高 4 公分的塔模裡。使用叉子在塔皮上戳幾個洞後，放入冷凍 30 分鐘。預熱烤箱至 190 度（th. 6-7）。在塔皮上鋪蓋烘焙紙，放入烘被重石（或乾豆子）。烘烤 20 分鐘後，從烤箱取出，並將烤箱調至 150 度（th. 5）。

將檸檬醬倒入塔皮中填滿，烘烤 30 分鐘，直到檸檬醬烤熟成型。將塔從烤箱取出。如果你想要吃溫熱的檸檬塔，取出後靜置 20 分鐘稍微降溫。若不則放入冰箱使其完全冷卻。最後要享用時，再撒上糖粉搭配香醍鮮奶油。

╳ 洋梨杏仁塔 ╳

Tarte amandine aux poires

8 人份 / 40 分鐘準備時間 / 1 小時 + 30 分鐘靜置時間 / 1 小時烹調時間

杏仁塔皮的香氣完全襯托了這個優雅的洋梨杏仁塔，如果你喜歡的話，可以將西洋梨換成櫻桃。

塔皮

175g 麵粉

1 小撮鹽

75g 軟化的無鹽奶油

50g 糖粉

1 顆蛋黃

內餡

175g 杏仁膏

1 茶匙細砂糖

1 茶匙麵粉

90g 軟化的無鹽奶油

1 顆蛋 +1 顆蛋白

1 茶匙萃取杏仁精

1 湯匙櫻桃酒

6 顆水煮西洋梨

製作塔皮，在攪拌盆中放入麵粉、鹽及奶油，用手指使其混合，成麵包屑狀。糖粉過篩後，混入麵團中，並加入已和一湯匙的水打勻的蛋黃。

將麵團揉成球狀，並以保鮮膜封好，放入冰箱冷藏，靜置 1 小時。

將麵團擀平，鋪於直徑 22 公分的塔模裡。以叉子在塔皮上戳數個洞後，放入冰箱冷凍 30 分鐘。預熱烤箱至 190 度（th. 6-7）。在塔皮上鋪蓋烘焙紙，放入烘焙重石（或乾豆子），烘烤 20 分鐘。

製作內餡，在攪拌盆中放入杏仁膏、糖及麵粉混勻。然後分次加入奶油、蛋及蛋白、萃取杏仁精和櫻桃酒。每次加入一樣材料時，需攪拌均勻。最後將所有拌勻的餡鋪於烤過的塔皮中。

將梨子切成兩公分厚的片狀，於塔皮上鋪成花瓣狀。輕輕壓一下梨子，使其固定於塔皮上。

烘烤約 40 分鐘，直到內餡充分上色膨脹，再將塔從烤箱取出。如果你想要吃溫的杏仁塔，取出後靜置 20 分鐘降溫。若不，則放入冰箱冷藏。

× 櫻桃克拉芙緹 ×
Clafoutis aux cerises

════════════════════════════════════

8 人份 / 5 分鐘準備時間 / 35 分鐘烹調時間

════════════════════════════════════

想來個櫻桃餡可麗餅嗎？那怎能不愛上這個讓
我們感受到那些美好日子的甜點呢？

────────────────────────────────────

60g 麵粉　　　　　　　½ 茶匙香草精

3 顆蛋　　　　　　　　300g 櫻桃（如果有時間的

60g 細砂糖　　　　　　話，可將櫻桃去核）

300㎖ 全脂牛奶

────────────────────────────────────

烤箱預熱至 180 度（th. 6）。將有深度的烤盤內部塗
上奶油。

將除了櫻桃以外的所有材料放入攪拌盆中，以手提打
蛋器打勻。

再將所有櫻桃放進烤盤中，然後倒入拌勻的麵糊。撒
上一些糖後，烘烤 30 ～ 35 分鐘，直到蛋糕表面充
分膨脹並上色，櫻桃開始變乾。

將蛋糕從烤箱取出，可以趁熱品嚐，也可以稍微降溫
後再享用。

× 楓丹白露 ×
Fontainebleau

---
4 人份 / 20 分鐘準備時間 / 2 小時靜置時間

正版的楓丹白露食譜，就像這本書所寫的，是有點難搞。如果你沒時間或不想花時間，可以選擇跳過瀝乾的步驟，享用一個費塞拉乾酪和奶油混合的山寨版楓丹白露。

300g 費賽拉乾酪	200g 草莓
1 湯匙橙花水	50g 液狀蜂蜜
300g 新鮮鮮奶油	**特殊器材**
50g 香草糖粉	1 捲紗布（藥局買）

將橙花水及費賽拉乾酪以手提打蛋器打勻。將鮮奶油及香草糖粉打勻成香醍鮮奶油。再加入拌好的費賽拉乾酪。

將攪拌盆鋪上紗布做為篩網。倒入混合好的乳酪和鮮奶油。放入冰箱使其瀝乾至少 2 小時，讓水分脫離。

或是你也可以把他們分成 4 小塊，輕放在 4 塊紗布上慢慢瀝乾。

將切塊好的草莓、液狀蜂蜜與楓丹白露一起享用。

經典焦糖布丁

Crème au caramel classique

6 個 150㎖ 量的法式布蕾杯 / 30 分鐘準備時間 /
30 分鐘烹調時間 / 1 夜靜置時間

一道會被列入所有可敬美食寶典中的經典甜點。

焦糖

175g 細砂糖

適量奶油（抹法式布蕾杯用）

蛋奶醬

4 顆蛋

1 茶匙香草精

25g 細砂糖

300㎖ 全脂牛奶

300㎖ 鮮奶油

將法式布蕾杯放入烤箱，預熱至 150 度（th. 5）。（杯子要夠熱，足以製作焦糖）。

準備製作焦糖，將糖和 5 湯匙的水放入一鍋中，加熱使糖融化，轉小火煮至焦糖濃稠並呈棕紅色。將其倒入預熱的布蕾杯裡。

室溫下冷卻焦糖，待其凝固。（不要放進冰箱，以免急速降溫產生裂痕）。

在這段期間，製作蛋奶醬，攪拌盆中放入蛋、香草精及細砂糖以打蛋器拌勻。

在鍋中放入鮮奶油和牛奶加熱至沸騰後，過篩加入蛋汁中，一起拌勻。當蛋奶醬變得光滑後，倒入已裝有焦糖的布蕾杯裡。

將布蕾杯放入有深度的烤盤中，在烤盤內倒入水，約到杯子一半高度。放入烤箱，隔水加熱 20 ～ 30 分鐘，不要讓它起泡泡，直到蛋奶醬成形為布丁。

取出烤盤，布丁冷卻後，放入冰箱冷藏一夜，這是為了讓布丁完全吸收焦糖的風味。

隔天，以刀子劃過布蕾杯內壁，使布丁和杯子分離。然後倒扣在略有深度的盤子中，最後搭配香醍鮮奶油一起食用。

× 金磚蛋糕 ×
Financiers

12 個 / 20 分鐘準備時間 / 12 分鐘烹調時間

美味奶香、口感豐富的小蛋糕……一道必學、必備的食譜。

90g 無鹽奶油

70g 烘焙用杏仁粉

85g 糖粉

30g 麵粉

3 顆蛋白

1 小撮鹽

½ 茶匙香草精

特殊器材

12 個金磚蛋糕模型

烤箱預熱至 200 度（th. 6-7）。將奶油放在鍋中加熱或是微波融化，但注意不要過度加熱。在金磚蛋糕的烤模塗上奶油及均勻撒上麵粉。

將杏仁粉、糖粉及麵粉放入攪拌盆中拌勻。取另一攪拌盆，放入蛋白和鹽，以手提打蛋器打發成霜狀。

將奶油及香草精放入有麵粉及杏仁份的那個攪拌盆中拌勻。以刮刀輕輕的將蛋白霜拌入。

將拌好的麵糊倒入模型中，倒至一半高度。烘烤 10 ～ 12 分鐘，直到蛋糕表面上色、手指輕壓蛋糕會回彈的狀態即可。

將蛋糕從烤箱取出，靜置 5 分鐘稍微冷卻。然後將蛋糕從烤模取出，放在涼架上，靜置充分冷卻。

× 瑪德蓮蛋糕 ×
Madeleines

12 個大的或 20 個小的瑪德蓮模型 / 10 分鐘準備時間 /
15 分鐘靜置時間 / 10 分鐘烹調時間

瑪德蓮蛋糕與金磚蛋糕可說是一定要認識的法式甜點二重奏。

2 顆蛋
100g 細砂糖
100g 麵粉
1 顆檸檬汁及檸檬皮屑
1 茶匙泡打粉
100g 融化的半鹽奶油

特殊器材
瑪德蓮模型

預熱烤箱至 200 度（th. 6-7）。以刷子在烤模內刷上奶油，然後撒上一點麵粉。

在攪拌盆中放入蛋及糖打發直到呈慕斯狀。將其他材料一項一項加入，輕輕地均勻打散。靜置麵糊 15 分鐘。

將拌好的麵糊倒入模型中，倒至一半高度。如果是大的瑪德蓮模型烘烤 8 ～ 10 分鐘，小的則約 5 分鐘，直到蛋糕充分膨脹上色。

取出瑪德蓮放在涼架上，靜置充分冷卻。盡快享用它吧！

× 巧克力豆餅乾 ×
Cookies aux pépites de chocolat

約 12 塊餅乾 / 10 分鐘準備時間 / 1 夜靜置時間 / 15 分鐘烹調時間

在所有熟知的餅乾中，巧克力豆餅乾的地位是無可取代的。它們如你所望的豐厚、柔軟、巧克力味十足！

125g 半鹽奶油
75g 細蔗糖
½ 茶匙香草精
1 顆蛋
250g 麵粉
½ 茶匙小蘇打粉
175g 黑巧克力

將奶油、細蔗糖及香草精放入攪拌盆中，以手提打蛋器打勻後，加入蛋。將麵粉和小蘇打粉過篩加入，繼續攪拌。接著加入已備好的巧克力碎塊。

將麵團做成球狀，以保鮮膜包好。放入冰箱保存一夜。

隔天，預熱烤箱至 180 度（th. 6）。在烤盤上鋪上烘焙紙或矽膠烤墊。

將麵團分成 12 個高爾夫球大小的球狀。依序擺入烤盤中，麵團與麵團之間要預留一些距離。

將餅乾烘烤約 15 分鐘，直至表面呈金黃色。取出烤箱，放在涼架上靜置冷卻後，即可享用。

× 花生醬餅乾 ×
Cookies au beurre de cacahuètes

約 20 個餅乾 / 10 分鐘準備時間 /
10 分鐘烹調時間

一道經典之作。不可能只吃一個就夠了……

200g 麵粉	1 顆蛋黃
75g 細砂糖	50g 軟化的半鹽奶油
2 湯匙帶花生粒的花生醬	

烤箱預熱至 180 度（th. 6）。將所有材料放入攪拌盆中，以手提打蛋器拌勻，直到麵團光滑均勻。

在烤盤上鋪上烘焙紙或矽膠烤墊。將麵團分成一個個核桃大小的球狀，擺入烤盤中。用叉子的背面輕壓麵團，讓每個小球有線條造型。

將餅乾烘烤 10 分鐘，直到它們充分上色。取出烤箱，放在涼架上，靜置冷卻後，即可享用。

× 燕麥餅乾 ×

Cookies aux flocons d'avoine

約 20 塊餅乾 / 10 分鐘準備時間 / 1 小時靜置時間 / 15 分鐘烹調時間

一道給大小朋友的完美甜點，適合早餐、點心時間！

100g 糖粉
200g 半鹽奶油
225g 麵粉
75g 燕麥片
1 茶匙泡打粉
150g 裝飾用巧克力（依個人喜好添加）

將糖粉及奶油放入攪拌盆中，以手提打蛋器打發直到它們變白並膨脹。接著加入麵粉、燕麥片及泡打粉，以木匙拌勻。

用手將麵團捏成長條狀後，以保鮮膜包好。放入冰箱靜置至少 1 小時。

預熱烤箱至 180 度（th. 6）。在烤盤鋪上烘焙紙或矽膠烤墊。將長條狀的麵團切成厚度 1 公分的片狀，放入烤盤。每個麵團之間預留一些距離。

餅乾烘烤 15 分鐘，直到它們充分上色。取出烤箱，放在涼架上，靜置冷卻後即可享用。

如果你想要裝飾餅乾，可以將巧克力以微波爐加熱融化或隔水加熱（在一裝有輕微沸騰水的鍋中放上攪拌盆），然後將融化的巧克力來回在餅乾上畫上細線。充分冷卻凝固後，即可享用。

× 香草奶油酥餅 ×
Shortbread thins à la vanille

約 20 塊小酥餅 / 10 分鐘準備時間 / 1 小時靜置時間 / 20 分鐘烹調時間

這些精美細緻的小餅乾，完全適合在時髦的下午茶時間享用！

325g 麵粉
125g 特細細砂糖
200g 半鹽奶油或無鹽奶油
（也可以兩種各半混合）
2 顆蛋黃
1 茶匙香草精

糖霜（依個人喜好添加）
100g 糖粉
1 顆檸檬汁

將麵粉及糖倒入攪拌盆中混合。加入奶油後以手提打蛋器拌勻，直到麵粉像麵包屑一樣。在麵粉中心挖出一個洞，輕輕打入蛋、放入香草精，均勻混合。

用手將麵團捏成長條狀後，以保鮮膜包好。放入冰箱靜置至少 1 小時。（可以的話，甚至可以放一夜）。

預熱烤箱至 180 度（th. 6）。在烤盤鋪上烘焙紙或矽膠烤墊。將長條狀的麵團切成厚度 5 公釐的片狀，放入烤箱。每個麵團之間保持一些距離。

烘烤餅乾 20 分鐘，直到餅乾邊緣上色。將其取出烤箱，放在涼架上，靜置冷卻。

可以在餅乾上撒一些細砂糖，或是以糖粉及檸檬汁做的糖霜裝飾。將糖霜刷在餅乾上，靜置冷卻凝固後，即可享用。

62

巧克力

Chocolat

103

× 健力士巧克力蛋糕佐鹽之花巧克力糖霜 ×

Gâteau intense au chocolat parfumé à la Guinness ®, glaçage chocolat et fleur de sel

8 ～ 10 人份 / 15 分鐘準備時間 / 1 小時 15 分鐘烹調時間 /
1 夜 + 30 分鐘靜置時間

這份食譜跟傳統糖霜和帶酸味奶油起司的版本有所不同。這份食譜會令人憶起健力士啤酒上綿密的泡沫，一塊純巧克力蛋糕，在鹽之花顆粒中嚐到濃厚口感。

蛋糕

125g 無鹽奶油

125g 半鹽奶油

250㎖ 健力士
（Guinness®）啤酒

75g 可可粉

2 顆蛋

150㎖ 法式酸奶油

1 茶匙香草精

275g 麵粉

½ 包泡打粉（編註：約 5.5g）

350g 細砂糖

糖霜

175g 黑巧克力

75g 無鹽奶油

3 湯匙水

1 小撮鹽之花

製作蛋糕，烤箱預熱至 180 度（th. 6）。將奶油和啤酒倒入鍋中，以小火慢煮。將可可粉過篩入鍋，輕輕攪拌。當奶油溶化後，熄火冷卻 5 ～ 10 分鐘。

在攪拌盆中放入蛋、法式酸奶油和香草精，以打蛋器打勻。將麵粉和泡打粉過篩後加入，再放入糖。最後，將混合的奶油、啤酒及可可粉一起加入拌勻。

將麵糊倒入直徑 24 公分、已抹上奶油及均勻撒上麵粉的烤模裡。烘烤 1 小時～ 1 小時 15 分。將蛋糕取出，靜置 15 分鐘後脫模。以保鮮膜包好，靜置 1 夜。

隔天製作糖霜，將所有糖霜材料放入一碗中，以鍋子或微波爐小火加熱融化。仔細攪拌，直到醬汁變得光亮柔滑後，靜置冷卻使其變濃稠。

將蛋糕放於涼架上，淋上巧克力糖霜。使用抹刀將糖霜抹平，蛋糕表面及邊緣都要均勻抹上。

靜置 30 分鐘，待糖霜凝固後，即可享用。

巧克力糖霜蛋糕捲佐香醍馬斯卡彭奶油餡 ×

Gâteau roulé glaçage au chocolat noir, chantilly au mascarpone

8 人份 / 10 分鐘準備時間 / 20 分鐘烹調時間

一道必學的經典蛋糕，而且很快就會被一掃而空！

海綿蛋糕
6 顆蛋
180g 細砂糖
50g 可可粉

香醍鮮奶油
25g 新鮮鮮奶油
2 湯匙馬斯卡彭起司

糖霜（依個人喜好添加）
200g 黑巧克力
100g 無鹽奶油
4 湯匙水

製作海綿蛋糕，烤箱預熱至 180 度（th. 6）。將蛋黃與蛋白分開。蛋白部分以手提打蛋器打發成霜狀，接著分三次加入砂糖，攪拌直到蛋白霜呈光亮柔滑狀。

在攪拌盆中放入蛋黃及 150g 細砂糖，快速攪拌直到顏色變白、膨脹至兩倍大。

將可可粉過篩至打好的蛋黃裡，再輕輕拌入蛋白霜。以切拌的方式拌勻，這是為了盡可能地保留空氣。

在邊緣已抹好奶油的烤盤裡放進一矽膠烤墊或是烘焙紙，將巧克力麵糊倒入，並用刮刀將表面抹平。烘烤約 20 分鐘，直到海綿蛋糕變乾、手指輕壓會回彈的程度。

將蛋糕從烤箱取出，靜置冷卻。接著取一塊濕布蓋在蛋糕上，使其完全冷卻。你也可以直接用布將蛋糕捲起靜置，這樣一來，當最後要製作蛋糕捲的形狀時就容易多了。

準備香醍鮮奶油，將鮮奶油及馬斯卡彭起司拌勻成香醍鮮奶油，抹在攤平的海綿蛋糕上。最後以濕布把蛋糕捲起。濕布可以幫助蛋糕和鮮奶油捲的緊密。

製作糖霜，將奶油、巧克力和水一起放進微波爐加熱融化。靜置使其稍微冷卻凝固後再裹上蛋糕。關於這個部分，可以用蛋糕鏟刀將蛋糕放在涼架上，抹上巧克力糖霜後，靜置待糖霜凝固後，依你自己的方式裝飾蛋糕捲，即可享用！

× 巧克力蛋糕佐奶油起司糖霜 ×
L'ultime fudge cake au chocolat
glaçage au cream cheese

8～10 人份 / 30 分鐘準備時間 / 35 分鐘烹調時間 / 1 小時靜置時間

因為使用白脫牛奶，所以口感更濃厚。巧克力及可可粉為海綿蛋糕增添了不少風味。雖然製作時需要些細心靈巧，但是絕對值得。

蛋糕
100g 巧克力
180g 麵粉
100g 可可粉
2 茶匙泡打粉
100g 烘焙用杏仁粉
200g 無鹽奶油
275g 細蔗糖
4 顆打好的蛋
150㎖ 白脫牛奶*
1 茶匙香草精

奶油起司糖霜
100g 巧克力
300g 奶油起司
（Philadelphia®）
100g 軟化的無鹽奶油
725g 過篩糖粉
150g 可可粉
2 茶匙香草精

* 編註：
白脫牛奶（Buttermilk），是早期製成奶油過程中，經攪拌流下的白色液體，口味微酸，可以直接飲用，今常用於甜點食譜。若不易購得，可以 1 杯牛奶＋1 湯匙檸檬汁（或白醋、蘋果醋）的比例製成，需靜置 10 分鐘。（1 杯約 250 ㎖ ）。

製作蛋糕，烤箱預熱至 180 度（th. 6）。將兩個直徑 20 公分、高 4 公分的蛋糕模型塗上奶油，再鋪上烘焙紙。

以微波爐或隔水加熱將巧克力融化。在攪拌盆中篩入麵粉、可可粉及泡打粉，再加入杏仁粉一起拌勻。

在另一攪拌盆中放入奶油及細蔗糖，快速攪拌直到顏色變白、膨脹至兩倍大。然後將蛋一顆一顆分次加入，每次加入時都要攪拌均勻。若還沒有變濃稠，就再加入 1 湯匙混合好的麵粉和可可粉。接著倒入白脫牛奶、融化的巧克力及香草精混合均勻。再慢慢分批加入混合的麵粉及可可粉，用湯匙以切拌的方式拌勻。

將麵糊均勻倒入兩個蛋糕烤模裡，烘烤 30～35 分鐘。蛋糕表面應呈現微膨無氣孔狀。為了確認是否烘烤好，可以用一把刀子插入，若取出刀子時，表面沒有沾黏蛋糕糊，就表示蛋糕烤好了。

將蛋糕自烤箱中取出，靜置冷卻後將蛋糕脫模，放在涼架上，使其完全冷卻。待蛋糕冷卻後，將烘焙紙撕掉，各從蛋糕中間橫切為兩份。

製作糖霜，以微波爐或隔水加熱融化巧克力。將其他糖霜材料倒入攪拌盆中拌勻。一開始可先以手提打蛋器慢速攪拌。打勻至起泡後，拌入融化的巧克力。

用刮刀在切好的蛋糕片雙面都抹上奶油起司糖霜。層層堆疊起來後，最上面那層再抹一層厚厚的糖霜。糖霜量似乎用很多，但慷慨一點嘛！如果你不像我一樣那麼愛糖霜，就用一半的糖霜量吧，每層皆輕抹表面即可。靜置冷藏 1 小時，即可享用。

× 健力士布朗尼 ×
Guinness® Brownies

8 人份 / 10 分鐘準備時間 /
25 分鐘烹調時間

這是個創新版布朗尼。沒有人可以阻擋你淋上
奶油起司糖霜（見 67 頁）。也可以用其他黑
啤酒來取代這個著名的愛爾蘭啤酒。

120g 黑巧克力	350g 細砂糖
200g 無鹽奶油	1 茶匙香草精
80㎖ 健力士啤酒	150g 麵粉
6 顆蛋	50g 可可粉

烤箱預熱至 180 度（th. 6）。以微波爐或隔水加熱將
剝塊的巧克力及切丁奶油加熱融化。稍微靜置冷卻
後，加入健力士啤酒，攪拌均勻。

在一個大攪拌盆裡，放入蛋、糖及香草精打發直到顏
色變白呈慕斯狀。再加入融化的巧克力奶油液拌勻。

麵粉及可可粉過篩後，拌入上個步驟的巧克力醬，用
木匙攪拌均勻。

在一個 20 x 28 公分的長方形蛋糕烤模裡，塗上奶油，
然後將麵糊倒入。烘烤 25 分鐘，直到布朗尼中間稍
稍融化，表面變硬微乾即可。

× 巧克力棒蛋糕 ×
Gâteau aux barres chocolatées

約 20 塊小蛋糕 / 10 分鐘準備時間 /
15 分鐘烹調時間

我承認這是個有點不健康的甜點，但它同樣地簡單製作、材料容易取得。這些材料都可以在某個轉角的超市買到。

225g 室溫無鹽奶油	1 茶匙香草精
225g 細蔗糖	225g 麵粉
4 顆已打好的蛋	5 條巧克力棒
	（士力架®、MARS® 等）

烤箱預熱至 180 度（th. 6）。於一個 20 ～ 28 公分大的焗烤盤內部刷上奶油。

在攪拌盆中放入奶油及細蔗糖打發至顏色變白，接著加入蛋及香草精。再拌入過篩的麵粉。

將麵糊倒入刷上奶油的烤盤中，烘烤 15 分鐘。這段期間，將巧克力棒切片。蛋糕烤好後，將烤盤取出，把切片好的巧克力鋪在蛋糕上，再將烤盤放回烤箱烤至巧克力融化。

取出蛋糕，靜置冷卻，待表面的巧克力稍微凝固變硬後，即可享用。

× 巧克力塔 ×
佐花生醬、奧利歐餅乾
Tarte au chocolat
beurre de cacahuètes
et biscuits Oreo®

8～10 人份 / 25 分鐘準備時間 /
30 分鐘冷藏時間 / 1 小時靜置時間

親愛的朋友們，我們要懂得放縱一下！這或許
是我近幾年創造出最不健康的甜點……

約 20 個奧利歐餅乾（Oreo®）　　175g 糖粉
175g 無鹽奶油　　　　　　　　　200g 黑巧克力
400g 帶顆粒的花生醬

以食物調理機將餅乾打成碎屑。將 75 g 的奶油溶化
後和餅乾屑拌勻。

將和奶油拌勻的餅乾屑倒入直徑約 20 公分的烤模裡
鋪平（建議使用底部可拆卸的烤模）。然後放進冰箱
冷藏 30 分鐘，使其變硬。

這段期間，將花生醬和糖粉放入攪拌盆攪拌均勻，再
鋪平於冷藏過的烤模中。

將巧克力及剩下的奶油以微波爐加熱融化（每加熱 30
秒，需取出來攪拌 1 次），或隔水加熱融化。攪拌至
巧克力呈光滑狀。

將巧克力奶油倒進烤模蓋過花生醬。靜置 1 小時，使
其凝固。為了能保存巧克力光滑的表面，不要把它放
進冰箱裡。

× 巧克力蛋糕 ×
佐薑片柚子糖霜
Gâteau au chocolat glaçage au yuzu et au gingembre

8 ～ 10 人份 / 10 分鐘準備時間 /
30 分鐘烹調時間

柚子是產自亞洲的柑橘類水果,為絕佳的檸檬替代品。它的口味更甘甜順口。你可以使用糖漬柚子皮來取代糖漬薑塊。

蛋糕	糖霜
175g 麵粉	3 湯匙柚子汁
4 湯匙可可粉	3 湯匙細砂糖
225g 軟化的奶油	數塊糖漬薑塊(如果可以的話,持續浸漬在糖漿裡)
4 顆蛋	
225g 細砂糖	

製作蛋糕,烤箱預熱至 180 度(th. 6)。攪拌盆中放入麵粉及可可粉混合,再拌入奶油、蛋及糖,以手提打蛋器攪拌,直到麵糊光滑、均勻混合。

將直徑 24 公分的烤模刷上奶油及均勻撒上麵粉,倒入麵糊,烘烤 25 ～ 30 分鐘。當蛋糕膨脹時,可以用一把刀子插入蛋糕中心,若取出後刀子上無沾黏蛋糕糊,表示蛋糕已經烤好了。將蛋糕取出,靜置冷卻數分鐘。利用這段期間來製作糖霜。

將柚子汁和糖混勻,不必等糖完全溶解,即可直接塗在蛋糕表面。靜置入味。當蛋糕冷卻變乾後,糖粒會在蛋糕上形成一粒粒的漂亮裝飾。

享用之前,將糖漬薑塊切成薄片,裝飾蛋糕。

× 巧克力太妃派佐巧克力醬、蘭姆葡萄冰淇淋 ×
（不用製冰器！）

Banoffee au chocolat glace rhum-raisins (sans sorbetière !), sauce fudge au chocolat

8 人份 / 20 分鐘準備時間 / 2 小時 30 分靜置時間 / 2 小時冷凍時間

對對對啦，就是這樣，就是這樣！

巧克力太妃派

300g 巧克力消化餅乾（或穀物麥片）

100g 融化的半鹽奶油

2 湯匙可可粉

200g 焦糖或焦糖牛奶醬

3 根熟成中型香蕉

200g 黑巧克力

300㎖ 新鮮鮮奶油

2 湯匙馬斯卡彭起司

50g 糖粉（依個人喜好添加）

適量裝飾用巧克力碎片

蘭姆葡萄冰淇淋

120g 黃金葡萄乾

100㎖ 蘭姆酒

4 顆蛋

150g 細砂糖

300㎖ 冰的鮮奶油

巧克力奶醬

300㎖ 新鮮鮮奶油

250g 巧克力

50g 半鹽奶油

先將葡萄乾浸漬於蘭姆酒裡 2 小時，接著開始製作太妃派。將餅乾碾成碎屑加入融化奶油及可可粉拌勻，倒入直徑 20 ～ 22 公分的烤模裡鋪平。將烤模放入冰箱 30 分鐘，使餅乾基底變硬。

接著將焦糖或焦糖牛奶醬（需要的話，可以稍微加熱）鋪平於餅乾基底上。香蕉去皮切片後，鋪於焦糖醬上。

以微波爐或隔水加熱法將巧克力融化（請參考食譜 72 頁），接著靜置稍微冷卻。將鮮奶油及馬斯卡彭起司拌成香醍鮮奶油，若需要的話，可以加入糖粉，以手提打蛋器一起拌勻。接著再拌入融化的巧克力。把巧克力奶醬鋪於香蕉上，靜置冷藏。

製作蘭姆葡萄冰淇淋，將蛋黃與蛋白分離。以手提打蛋器打發蛋白成霜狀，然後將 100g 的細砂糖分兩次加入。每加入一次，需仔細攪拌，直到蛋白霜變得紮實光滑。

取另一個攪拌盆，以手提打蛋器將冰的鮮奶油打成香醍鮮奶油狀。在另一容器，放入蛋黃和剩下的 50g 細砂糖，打勻至顏色變白呈慕斯狀。接著把它們倒入打好的蛋白霜裡，再加入香醍鮮奶油，最後放進蘭姆漬葡萄攪拌均勻。將它們倒進一塑膠盒裡，冷凍至少兩小時（期間不需要攪拌冰淇淋）。

製作巧克力醬，在鍋中或以微波爐加熱鮮奶油，加入剝成小塊的巧克力和切丁的奶油，攪拌均勻，待其融化後，靜置冷卻。搭配巧克力太妃派及蘭姆葡萄冰淇淋，最後以裝飾用巧克力點綴蛋糕，一起享用。

× 白脫牛奶巧克力蛋糕 ×

Gâteau au chocolat au lait ribot, sucre brun et fleur de sel

8 ～ 10 人份 / 15 分鐘準備時間 / 25 分鐘烹調時間

在我的第一本書裡，可以找到娜塔莉巧克力蛋糕（gâteau au chocolat de Nathalie），一種簡單美味、風靡世界的蛋糕。現在，它的繼承者登場！確實這個甜點更需要一點技巧，但我們不就是無所不懼的烘焙師嗎？這個蛋糕帶來豐厚口感、柔滑純香的享受。而且只有一點脂肪量，因為不含可可脂，只有可可粉。白脫牛奶帶來輕盈口感，而黃糖及鹽之花的提味更是讓我們著迷。立刻來做吧！

170g 室溫無鹽奶油
（別太硬或太軟！）

140g 細砂糖

160g 黃糖

3 顆蛋

2 茶匙香草精

210g 麵粉

120g 可可粉

170g 白脫牛奶
（請參考 67 頁編註）

2 茶匙泡打粉

1 茶匙海鹽

烤箱預熱至 180 度（th. 6）。在一個直徑 22 或 23 公分的蛋糕模裡塗上奶油，並在底部鋪上烘焙紙。

攪拌盆中放入奶油及糖，以手提打蛋器打發 2 分鐘，直到它們顏色變白呈慕斯狀。將蛋一顆顆分次加入，每次加入時，仔細拌勻。最後加入香草精。

將一半的麵粉及一半的可可粉篩入，以刮刀拌勻後，加入白脫牛奶。再加入另一半的麵粉及可可粉、泡打粉，最後是鹽之花，全部一起拌勻。

將麵糊倒入烤模中，烘烤 20 ～ 25 分鐘。為了測試蛋糕是否烤好，可以用一把刀子插入蛋糕中心，將刀子取出時，表面若沒有沾黏蛋糕糊，就表示烤好了。

將蛋糕自烤箱取出，靜置 5 分鐘冷卻後，將蛋糕脫模放於涼架上，使其完全冷卻。隔日再品嚐，風味更佳。耐心一點吧！最後享用時，可以再抹上一層糖霜（請參考 64 頁）。

× 白味噌布朗尼 ×
Brownies au shiro miso

8 人份 / 30 分鐘準備時間 /
35 分鐘烹調時間

靈感來自於華爾街日報上的食譜專欄，我稍微改良了一下。一般會覺得布朗尼是道非常甜的甜點，而白味噌可以為布朗尼增添一點鹹味。

200g 黑巧克力	5 湯匙麵粉
200g 無鹽奶油	4 湯匙可可粉
3 湯匙白味噌	5 顆蛋
100g 糖粉	

烤箱預熱至 180 度（th. 6）。將 20 公分大小的焗烤盤內塗上奶油。

巧克力剝成小塊、奶油切丁。將巧克力、奶油和味噌一起用微波爐加熱融化或隔水加熱融化。

在攪拌盆中放入糖粉、麵粉及可可粉拌勻。慢慢加入融化的巧克力奶油，一起攪拌。再將蛋一顆顆分次加入，每次加入時需仔細拌勻。

將拌好的麵糊倒入模型中，烘烤 30 ～ 35 分鐘。如果你喜歡比較濕潤的布朗尼，可別烘烤超過這時間！

× 橙香玉米粥蛋糕 ×

Gâteau de polenta au chocolat et à l'orange

8 ～ 10 人份 / 30 分鐘準備時間 / 45 分鐘烹調時間 / 1 小時冷藏時間

豐厚濃醇的蛋糕，搭配巧克力甘納許和香橙糖霜，超級殺！我先對於可能要比平常多準備些道具，跟你道個歉。但為了這個精緻美味的蛋糕，你的辛苦絕對值得。

蛋糕

200g 黑巧克力
100g 無鹽奶油
100g 半鹽奶油
3 湯匙鮮榨柳橙汁（不含果肉）
4 顆蛋
125g 細蔗糖
50g 義式玉米粥粉（polenta）
1 茶匙泡打粉
1 顆橘子皮屑

糖霜

50g 細蔗糖
1 顆橘子皮屑
100g 黑巧克力
75g 無鹽奶油
適量糖漬柑橘片

製作蛋糕，烤箱預熱至 180 度（th. 6）。將直徑 20 公分、高 10 公分的蛋糕烤模（盡可能挑選大小一樣的烤模）塗上奶油、均勻撒上麵粉。

在一容器內，放入巧克力、奶油及柳橙汁，然後一起用微波爐加熱融化，或隔水加熱融化。仔細攪拌，直到質地光滑。

將蛋白與蛋黃分離後，以手提打蛋器打發蛋白成霜狀，期間一點一點分批加入一半的細蔗糖，打發至蛋白霜紮實有光澤。

取另一個攪拌盆，放入蛋黃及剩下的細蔗糖，攪拌直到顏色變白起泡。然後一點一點加入融化的巧克力，再加入泡打粉、即溶玉米粥粉和橘子皮屑。以刮刀輕輕拌勻。

將麵糊倒入烤模，烘烤 40 ～ 45 分鐘。將蛋糕連同烤模取出，靜置完全冷卻。

製作糖霜，將所有糖霜材料放入一容器中微波加熱或隔水加熱。攪拌均勻直到呈光滑狀。靜置冷卻，使其慢慢變濃稠。

以一長刀沿著烤模內壁切入，使蛋糕脫模，淋上糖霜。再將蛋糕放進冰箱 1 小時，使糖霜完全入味。

享用前，放上切片的糖漬柑橘片做裝飾。

✕ 棉花糖塔 ✕
Tarte aux s'mores

6～8 人份 / 30 分鐘準備時間 /
2 小時 30 分冷藏時間

這道甜點是源自於美國的傳統甜點
《S'mores》。混合了全麥餅乾（Graham
Crackers®）、巧克力及棉花糖，製作出超級簡
單的塔類點心。是個適合吃完漢堡或熱狗後，
完美做結的甜點！

300g 全麥餅乾（或是穀物麥片、巧克力餅乾）	350g 黑巧克力
75g 融化無鹽奶油	**蛋白霜**
250㎖ 鮮奶油	2 顆蛋白
70g 冰的無鹽奶油	120g 細砂糖

將餅乾碾成碎屑後，加入融化的奶油拌勻。接著倒入
一個底部可拆卸、直徑約 22 公分的烤模裡。放入冰
箱冷藏約 30 分鐘。

取一個鍋子加熱鮮奶油。在攪拌盆中，放入切丁的無
鹽奶油、剝成塊狀的巧克力，再倒入加熱過的鮮奶油。
靜置數分鐘後，輕輕攪拌，就會形成質地光滑的甘納
許。最後將甘納許倒入烤模裡，靜置冷藏約 1 小時。

在這段期間製作蛋白霜，以手提打蛋器打發蛋白成霜
狀，接著將砂糖分三次拌入。每次拌入砂糖時需仔細
攪拌均勻。蛋白霜質地應呈光滑紮實狀。

將蛋白霜鋪平於巧克力甘納許上。若你想要的話，可
以用瓦斯槍在蛋白霜上略噴一下，烤出焦色以做裝
飾。冷藏 1 小時後，即可享用。

× 摩卡達克瓦茲蛋糕 ×
Dacquoise au moka

---

8 人份 / 30 分鐘準備時間 / 1 小時烹調時間 / 3 小時冷藏時間

三層幸福的滋味！

餅乾

6 顆蛋

325g 細砂糖

175g 榛果粉

1 湯匙可可粉

160g 室溫無鹽奶油

250g 融化的黑巧克力

30㎖ 濃縮咖啡

咖啡甘納許

180g 黑巧克力

160㎖ 鮮奶油

30㎖ 濃縮咖啡

1 湯匙巧克力酒或

甘邑白蘭地

製作餅乾，烤箱預熱至 180 度（th. 6）。將蛋黃與蛋白分開。在攪拌盆中將蛋白打發 2 分鐘，然後一點一點加入 170g 的細砂糖，打發至蛋白霜呈光滑紮實狀。然後將榛果粉及可可粉篩入，以切拌的方式拌勻。

將一個底部可拆卸的烤模內部塗上奶油，於底部放上一層烘焙紙。將榛果蛋白霜倒入，抹平，烘烤 15 ～ 20 分鐘。取出烤箱後靜置備用。

在另一攪拌盆內，放入奶油及剩下的細砂糖，以手提打蛋器打發直到顏色變白、加倍膨脹。再加入蛋黃、融化的巧克力及咖啡攪拌均勻後，倒在烤好的蛋白霜上，再烘烤 25 分鐘，直到蛋糕中心成形，內部紮實。取出蛋糕，靜置冷卻後，放入冰箱 2 小時。

製作甘納許，將巧克力剝成塊狀放入攪拌盆。在一鍋子中，加熱鮮奶油及濃縮咖啡直到沸騰。然後倒入放有巧克力塊的攪拌盆內。靜置 1 分鐘後，加入巧克力酒或干邑白蘭地，輕輕攪拌直到甘納許變得光滑。

將甘納許倒在蛋糕上，靜置冷藏至少 1 小時待甘納許冷卻。享用前再將蛋糕脫模。可以搭配香醍鮮奶油及新鮮覆盆子一起品嚐。

✕ 乾果、咖啡巧克力甘納許免烤蛋糕 ✕

Traybake sans cuisson aux figues, dattes et noix de pécan, ganache au chocolat et au café

約 30 小塊 / 15 分鐘準備時間 / 1 小時冷藏時間 / 1 小時靜置時間

這是另一個《消化餅乾甜點系列》之一的食譜。這份食譜可以加入水果乾、棉花糖、牛奶巧克力糖霜等等的內餡，但根據我的經驗，加入無花果會為蛋糕帶來另一種口感，讓你的牙齒發出悅耳的摩擦聲；而當你咬到椰棗時，會有種吃到牛奶糖的錯覺。是一道甜美、有豐富口感的甜點，總之我很喜歡就是了！

基底
300g 消化餅（或是穀物麥片）

7 或 8 個軟的無花果乾

5 或 6 顆新鮮椰棗（建議選用 Medjool 品種）

120 g 碎核桃

75 g 融化無鹽奶油

2 湯匙可可粉

甘納許
200㎖ 鮮奶油

350g 黑巧克力

1 湯匙咖啡或咖啡粉

製作基底，將餅乾碾成碎屑，然後將無花果乾、新鮮椰棗和核桃切成碎塊。

將所有基底的材料混合，倒入於 20 x 28 x 4 公分的長型烤模裡，將基底鋪平。 靜置冷藏約 1 小時，使其變硬。

製作甘納許，將鮮奶油倒入鍋中加熱，接著倒入裝有已剝成塊的巧克力、咖啡的攪拌盆中。靜置 1 分鐘後，攪拌均勻成光滑狀。

將甘納許倒入裝有餅乾的烤模中，放入冰箱靜置 1 小時，使其凝固。 然後將蛋糕切成小塊方形，即可享用。

× 咖啡巧克力冰淇淋蛋糕 ×

Gâteau glacé au chocolat et au café sauce fudge au chocolat

8 ～ 10 人份 / 25 分鐘準備時間 / 25 分鐘烹調時間 / 6 小時冷凍時間

巧克力非常濃厚的甜點，給你致命一擊的無疑是淋醬的香氣！

冰淇淋

300㎖ 鮮奶油

175g 煉乳

2 茶匙即溶咖啡

2 湯匙咖啡利口酒（liqueur au cafe）

蛋糕

225g 軟化無鹽奶油

225g 細砂糖

4 顆蛋

2 湯匙牛奶

225g 麵粉

3 湯匙可可粉

1 茶匙泡打粉

淋醬

150g 黑巧克力

50g 半鹽奶油

250㎖ 鮮奶油

製作冰淇淋，將所有冰淇淋材料放入攪拌盆中，以手提打蛋器拌勻成慕斯狀。將慕斯倒入一個可以冷凍的容器裡，放入冰箱冷凍至少 5 ～ 6 小時。

製作蛋糕，烤箱預熱至 180 度（th. 6）。將大小約 20 公分的方形烤模抹上奶油。將奶油及砂糖放入攪拌盆中，以手提打蛋器打勻，再加入蛋、牛奶、麵粉、可可粉及泡打粉，攪拌至完全均勻。

將麵糊倒入抹過奶油的烤模中，烘烤約 25 分鐘。為了確認蛋糕是否烤好，可以用一把刀子插入蛋糕中心，刀子抽出後，若表面沒有沾黏蛋糕糊，就表示蛋糕烤好了。將蛋糕取出烤箱，靜置冷卻數分鐘後，將蛋糕脫模，使其完全冷卻。

蛋糕冷卻後，將蛋糕橫剖為上下兩半。從冰箱取出冰淇淋，在兩片蛋糕的各其中一面抹上冰淇淋。將兩片蛋糕抹了冰淇淋的那一面相對堆疊，輕輕壓緊，使內層冰淇淋完全貼合蛋糕。將蛋糕以保鮮膜包好放入冷凍，使其變紮實。

在這段期間，準備淋醬。將巧克力剁塊、奶油切丁後放入攪拌盆裡。在鍋中加熱鮮奶油直到沸騰，再倒入裝了巧克力及奶油的攪拌盆中。等待 1 ～ 2 分鐘，待巧克力和奶油融化後，將全部攪拌均勻。

最後要享用前，在蛋糕上撒一些糖粉及可可粉，將蛋糕切成薄片，淋上熱巧克力醬汁。

× 巧克力香豆國王派 ×

Galette des rois au chocolat et crème d'amandes à la fève tonka

8 人份 / 25 分鐘準備時間 / 30 分鐘烹調時間

不論年末狂歡，或特別是享用了許多美食後，我常常沒有心情再吃國王派。幸好，總是存在著 1、2 道創新作法征服我的味蕾……這個以巧克力和香豆製作的版本很不錯。但法國麵包師傅貢特·歇里耶（Gontran Cherrier）的版本，以俄羅斯烘烤蕎麥粒及葡萄柚皮製作的國王派，才是最清新完美的極品。在偷取他的食譜之前（有聽到了嗎，貢特？），就先試試這個讓我總是做得開心的食譜版本吧……

巧克力卡士達
250㎖ 全脂牛奶
3 顆蛋黃
50g 細砂糖
25g 麵粉
1 顆香豆
125g 黑巧克力

杏仁餡
125g 烘焙用杏仁粉
2 顆蛋
75g 軟化無鹽奶油
40g 細砂糖

派皮
2 張現成千層派皮
（編註：一張約為230g）
1 顆蛋
果糖（請參考食譜 230 頁）

製作巧克力卡士達，在鍋中加熱牛奶。攪拌盆中放入蛋、糖和麵粉打發至顏色變白及雙倍膨脹。將熱牛奶倒入一起拌勻。再全部一起倒回鍋中加熱，不停攪拌直到醬汁質地變濃稠。

將巧克力微波融化或隔水加熱融化（請參考食譜 72 頁）。攪拌巧克力，使其光滑，再將香豆磨碎後加入。混合拌勻後，將巧克力倒入上個步驟的奶餡裡。以保鮮膜封上，使其表面不產生凹洞，靜置冷卻。

製作杏仁餡，將杏仁粉、蛋、奶油和糖加入攪拌盆中拌勻。再將杏仁餡和巧克力卡士達混合拌勻。靜置備用。

預熱烤箱至 200 度（th. 6-7）。將烤盤鋪上烘焙紙，放上一張千層派皮。將一顆蛋打散，用刷子將蛋液刷在派皮邊緣，為了之後能和另一片派皮緊密黏合。

保留派皮邊緣 1 公分的空間，將內餡鋪在上方。再將第 2 張派皮疊上，壓緊派皮邊緣，使其緊密封合。將剩下的蛋液刷上國王派的表層，接著將表面裝飾成你想要的樣子（可以用刀子割出網格或刷上一層果糖）。

將烤箱調至 180 度後（th. 6），烘烤國王派約 30 分鐘，直到表面充分上色。取出烤箱後，待 5 分鐘稍微冷卻，即可享用。

× 西洋梨巧克力海綿蛋糕 ×
完全自製、獻給最棒的甜點師們

*génoise chocolat et poire
tout fait maison, pour les meilleurs pâtissiers*

8 人份 / 1 小時 30 分鐘準備時間 / 1 小時 20 分鐘烹調時間 / 2 小時冷藏時間

《無怨無悔的愛》所以，慢慢來吧……

巧克力海綿蛋糕

200g 黑巧克力

225g 無鹽奶油

6 顆蛋

225g 細砂糖

水煮西洋梨

6 個硬的西洋梨

1 根香草莢

馬斯卡彭起司奶霜

4 顆蛋黃

4 湯匙細砂糖

150㎖ 瑪莎拉酒（義大利甜酒）

500g 馬斯卡彭起司

頂部裝飾

150g 黑巧克力

5 湯匙濃縮咖啡

製作海綿蛋糕，將巧克力剝成塊狀，奶油切丁。以微波爐融化或隔水加熱融化（請參考食譜 72 頁）。攪拌均勻成光滑狀，靜置冷卻。

預熱烤箱至 150 度（th. 5）。將直徑約 23 公分、底部可拆卸的烤模塗上奶油。將蛋黃和蛋白分離後，在一個攪拌盆中，放入蛋黃及砂糖，攪拌直到顏色變白及雙倍膨脹。再加入融化的巧克力及奶油一起拌勻。

以手提打蛋器將蛋白打發成霜，加入巧克力麵糊，用刮刀以切拌的方式拌勻，這是為了讓麵糊盡可能保存住空氣。將麵糊倒入烤模裡，烘烤 1 小時，直到蛋糕充分膨脹。取出蛋糕後，靜置冷卻。

煮西洋梨，梨子削皮後，放進鍋中，並加入切開的香草莢，蓋上蓋子煮至沸騰。大約 20 分鐘後，熄火靜置冷卻，再將梨子取出切成薄片。

製作馬斯卡彭奶霜，在一個較大的鍋子中注入水加熱。將蛋黃、糖和一半的瑪莎拉酒放入攪拌盆中拌勻。將攪拌盆放進裝有熱水的鍋中隔水加熱，放置 5 分鐘，直到奶霜質地變為像沙巴庸（sabayon）的濃稠狀。

將馬斯卡彭起司攪拌至柔軟，分數次拌入上一個步驟的蛋黃醬，直到奶霜變得光滑柔軟。靜置冷藏。

組合海綿蛋糕，將蛋糕從中間橫切分上下兩片。在一個盤子上，先塗上一點馬斯卡彭奶霜，鋪上西洋梨薄片，撒上巧克力碎片。接著放上一片海綿蛋糕，澆淋一點咖啡及瑪莎拉酒。再塗上一層馬斯卡彭奶霜，鋪上梨子薄片及巧克力碎片。把第二片海綿蛋糕疊上去，將剩下的咖啡及瑪莎拉酒都淋上，最後鋪上剩下的馬斯卡彭奶霜，以西洋梨及巧克力碎片做為裝飾。

將蛋糕靜置冷藏至少 2 小時。（可以的話，甚至可以靜置一晚）。

× 巧克力瑪芬佐奶油起司糖霜&焦糖花生 ×

Muffins au chocolat noir, glaçage au cream cheese et cacahuètes caramélisées

---

6 個瑪芬 / 25 分鐘準備時間 / 10 分鐘烹調時間

這完全是個超級美式的組合甜點，也總是能擄獲人心！

瑪芬

2 湯匙可可粉

100g 麵粉

50g 細砂糖

1 顆蛋

2 湯匙葵花油

100㎖ 牛奶

焦糖花生

100g 無鹽花生

100g 細砂糖

糖霜

200g 糖粉

1 湯匙奶油起司
（Philadelphia®）

特殊器材

瑪芬烤模

烘焙紙模

製作瑪芬，烤箱預熱至 180 度（th.6）。將烘焙紙模放進瑪芬烤模裡。

將可可粉及麵粉過篩入攪拌盆中，加入砂糖攪拌均勻。再另一個容器放入蛋、牛奶和葵花油，打勻後，倒入混合可可粉及麵粉的攪拌盆中。快速攪拌均勻才不會產生結塊，最後將麵糊倒入瑪芬紙模中。

放入烤箱烘烤約 10 分鐘，直到瑪芬表面膨脹產生裂紋。將瑪芬從烤箱取出，靜置完全冷卻。

製作焦糖花生粒，在一個平底鍋中，不加油，乾炒花生粒，接著加入砂糖，使花生焦糖化。要時時注意不要讓花生全部黏在一起。

製作糖霜，在攪拌盆中放入奶油起司和糖粉，攪拌至完全均勻。

在每個烤好的瑪芬鋪上一層糖霜，並擺上幾顆焦糖花生粒，即可享用。

巧克力鬆餅佐香醍鮮奶油&健力士焦糖醬

*Gaufres au chocolat crème Chantilly
et sauce caramel à la Guinness®*

4 人份 / 10 分鐘準備時間 / 10 分鐘烹調時間

一道酥脆、充滿奶香和巧克力香，顏色濃郁、麥芽香氣十足的甜點。

225g 麵粉

40g 可可粉

1 小包泡打粉（編註：約 11g）

100g 黑巧克力

50g 細砂糖

1 小撮鹽

2 顆蛋黃

400㎖ 牛奶（或是白脫牛奶、酸乳）

125g 融化的無鹽奶油

3 顆蛋白

淋醬

100g 紅糖

75g 軟化無鹽奶油

125㎖ 健力士啤酒®

3 湯匙法式酸奶油
或馬斯卡彭起司

過篩麵粉、可可粉及泡打粉至攪拌盆中，再加入刨成細碎片的巧克力、砂糖和鹽。在另一個攪拌盆中，打入蛋黃及牛奶，然後將第一個攪拌盆裡的粉類倒入一起攪拌均勻。一邊攪拌一邊加入奶油。如果你覺得麵糊太過濃稠，可以再加一點牛奶。

在另一個攪拌盆內，放入蛋白以手提打蛋器打發成霜狀，然後輕輕拌入麵糊裡。

預熱鬆餅機，別忘記先上油（噴上沙拉油或用刷子刷上融化的奶油）。將麵糊倒入鬆餅機中，烘烤至鬆餅表面酥脆、內部柔軟。注意，前幾片鬆餅可能會烤失敗，因為需要掌握恰當的烘烤時間和溫度！繼續烘烤，將準備的麵糊用完。

製作淋醬，在鍋中倒入紅糖加熱，直到它們完全融化，不需要等到變成焦糖狀即可關火。倒入奶油及啤酒，攪拌均勻，再拌入法式酸奶油。

在烤好的鬆餅上淋上一點溫熱的醬汁，最後再搭配一點香醍鮮奶油享用。

杏仁巧克力蛋糕 ×

Gâteau au chocolat aux amandes et à l'huile d'olive

6 人份 / 15 分鐘準備時間 /
25 分鐘烹調時間

一道超級簡單、口感絕佳的甜點！

150g 高品質黑巧克力	75g 細砂糖
60㎖ 橄欖油	125g 烘焙用杏仁粉
3 顆蛋	適量鹽之花

烤箱預熱至 180 度（th. 6）。巧克力剝塊後放入一容器內，以微波加熱或隔水加熱融化。接著拌入橄欖油，攪拌均勻。

將蛋及糖放入攪拌盆中打發至顏色變白及雙倍膨脹。加入杏仁粉混合均勻，再將它們全部加入融化的巧克力中拌勻。

在直徑 20 公分的烤模中抹上橄欖油（或奶油），再撒上麵粉，將麵糊倒入。烘烤蛋糕 25 分鐘。蛋糕內部應該維持濕軟的狀態。

將蛋糕自烤箱取出，靜置冷卻後脫模。享用前撒上一點鹽之花。

× 奧利歐松露球 ×
佐摩卡奶昔

Truffes de cookies Oreo©
et cream cheese,
milk-shake au moka

4 人份 / 15 分鐘準備時間 / 1 小時冷藏時間

一道讓人想起童年及有點不健康的甜點，但，
反正是你負責的，不是嗎？

奶昔	松露球
750㎖ 全脂牛奶	250g 奧利歐餅乾
125g 黑巧克力	125g 奶油起司
1 湯匙即溶咖啡	（Philadelphia 品牌）
4 球冰淇淋（依個人喜好	1 湯匙卡魯哇（kalhua）咖
挑選巧克力、香草、咖啡	啡酒，或蘭姆酒、甘邑白蘭
等等）	地（依個人喜好添加）

從製作奶昔開始，在鍋中倒入牛奶加熱，煮至沸騰前
就關火。攪拌盆中放入 100 g 的巧克力和即溶咖啡，
倒入熱牛奶。攪拌均勻後放入冰箱冷藏 1 小時。

利用這段期間製作松露球。將餅乾碾成碎屑，拌入奶
油起司和酒（依個人喜好添加）。當麵團完全均勻時，
用手掌將它們塑成小球狀，如果你喜歡的話，也可以
在撒上可可粉。靜置備用。

享用前，在果汁機內倒入步驟一冰過的奶昔液和你挑
選的冰淇淋口味。全部打勻，然後倒入杯中。還可以
再加上一球冰淇淋。撒上剩下的巧克力碎片做為裝
飾，摩卡奶昔就完成了。

盡情享用摩卡奶昔和奶油起司奧利歐松露球。

106

· 濃醇奶香 ·

Crémeux

129

× 白巧克力起司蛋糕佐波本威士忌楓糖 ×

Cheesecake au chocolat blanc
et sirop d'érable au bourbon

8～10 人分 / 30 分鐘準備時間 / 3 小時冷藏時間

沒錯，就是它！奶霜容易成形，所以不用使用吉利丁片。選擇品質好的巧克力是很重要的，這可以使製作過程更簡單。如果你覺得起司蛋糕太過脆弱，不易脫模，將它放到冷凍一陣子，冰涼地享用。

起司蛋糕
70g 無鹽奶油
350g 消化餅乾（或穀物麥片餅乾）
150㎖ 鮮奶油
500g 高品質白巧克力
300g 奶油起司
（Philadelphia 品牌）
250g 馬斯卡彭起司

糖漿
120㎖ 楓糖
2 或 3 湯匙波本威士忌
（bourbon，美國威士忌）

製作起司蛋糕，將奶油融化，與消化餅乾放入攪拌盆中碾成碎屑後，混合均勻。接著鋪平於一個底部可拆卸、直徑約 25 公分的烤模裡。放入冰箱冷藏備用。

製作甘納許，將巧克力剝塊放於攪拌盆中。鮮奶油以鍋子加熱後，倒入巧克力中。靜置 1 分鐘，輕輕拌勻使其融化呈光滑狀。靜置冷藏使其完全冷卻。

甘納許充分冷卻後，拌入奶油起司，以手提打蛋器打勻成香醍鮮奶油狀後，拌入馬斯卡彭起司，攪拌均勻。

將打好的鮮奶油均勻鋪平於餅乾層上。放進冰箱冷藏 2 或 3 小時。享用前，將楓糖與波本威士忌混合均勻，搭配起司蛋糕品嚐。

× 香草米布丁 ×
佐雅馬邑白蘭地漬李

*Riz au lait à la vanille,
pruneaux à l'armagnac*

6 人份 / 10 分鐘準備時間 /
1 小時 15 分烹調時間

適合冬日漫漫長夜的美妙甜點。暫時先忘了乳
酪吧？

400g 去核李子	1 塊柳橙果皮
200㎖ 濃的冷伯爵茶	1 根香草莢
150㎖ 雅馬邑（armagnac）、	120g 圓米
干邑（cognac）或卡爾瓦多斯	1ℓ 全脂牛奶
（calvados）等白蘭地	75g 細砂糖

在一個鍋子中放入伯爵茶、柳橙果皮和白蘭地，將李
子放入浸漬。加熱至沸騰後轉小火煨約 30 分鐘，讓
李子充分煮軟入味。

烤箱預熱至 180 度（th. 6）。將一個大小約 20×28
×4 公分的焗烤盤內部抹上奶油。剖開香草莢，用刀
子刮出香草籽。

將米、牛奶、香草籽及糖放進鍋中煮沸。接著倒入焗
烤盤中，烘烤約 45 分鐘，直到米膨脹、變得軟爛。

將米布丁搭配酒漬李子一起享用。

× 聖誕甜酒奶凍 ×

Syllabub de Noël
compote de kumquats et d'airelles

4～6 人份 / 20 分鐘準備時間 / 40 分鐘烹調時間 / 1 小時靜置時間 /
4 小時冷藏時間

是我愛爾蘭老家的經典甜點，搭配水果的香甜滋味，比傳統的聖誕布丁更為怡人！
謝謝奈潔拉的節慶甜點巧思！

果泥

200g 金棗

80g 細砂糖

250g 越橘

甜酒奶凍

2 湯匙細砂糖

1 顆檸檬汁及檸檬皮屑

1 顆柳橙皮屑

2 湯匙君度橙酒
（Cointreau®）或柑曼怡橙酒
（Grand Marnier®）

350㎖ 鮮奶油

製作果泥，以叉子在金棗上戳洞後，放入一鍋中。注入覆蓋過金棗的水量，加熱至沸騰。瀝乾後，以清水沖洗金棗。以上步驟重複兩次（加熱到沖洗），為了去掉金棗的苦澀味。

接著，取另一個鍋子放入金棗、糖及剛好覆蓋金棗的水量，加熱至沸騰。期間充分攪拌，使糖溶解。然後轉小火、不加蓋煮約 15 分鐘，需不時攪拌。熄火後，靜置冷卻。

將金棗自鍋中取出備用。將越橘浸於煮金棗的糖漿中，加熱至沸騰。再轉小火，慢煮 7 至 8 分鐘，直到將越橘煮爛。

當烹煮越橘時，將金棗從中間劃開，取出果核。之後把金棗和越橘混合均勻。靜置冷卻，期間不時攪拌。

製作甜酒奶凍，將糖、果皮及果汁和酒放進攪拌盆中，混合均勻。讓糖充分溶解後，一點一點拌入鮮奶油，打發均勻直到舉起攪拌器時，提起的奶油呈微彎的香醍奶油狀。

將甜酒奶凍放進冰箱冷藏 3～4 小時，然後搭配金棗越橘果泥一起享用。

× 檸檬起司蛋糕 ×
Cheesecake au citron

8 人份 / 30 分鐘準備時間 /
3 小時冷藏時間

這比較像是沒有巧克力的佛羅里達萊姆派
（Key Lime Pie）。總之，不用開火！

70g 無鹽奶油	150g 馬斯卡彭起司
200g 消化餅乾（或穀物麥片餅乾）	300g 奶油起司（Philadelphia®）
2 顆檸檬汁及檸檬皮屑	150mℓ 鮮奶油
4 片吉利丁片	

準備起司蛋糕，將奶油融化。在攪拌盆中碾碎餅乾。將融化的奶油及碾碎的餅乾混合均勻後，鋪在一個底部可拆卸、直徑約 25 公分的烤模裡。靜置冷藏。

在鍋中放入檸檬汁及皮屑，再放入吉利丁片使其溶解。可參考包裝指示說明操作，若液體不夠時，可以加入一點熱水。

在一攪拌盆中，放入馬斯卡彭起司及奶油起司，以手提打蛋器攪拌至柔軟。接著加入鮮奶油，以最高速打發，直到呈柔軟膨鬆的奶霜。將上個步驟的檸檬吉利丁加入攪拌均勻。

將奶霜倒烤模裡的餅乾層上，將表面抹平整。靜置冷藏至少 3 小時，等待蛋糕成形。最後在享用前，放上檸檬切片裝飾。

× 肉桂希臘優格 ×
佐芫荽籽、細蔗糖巧克力

Yaourt grec à la cannelle, coriandre, vergeoise et chocolat

---

4 人份 / 5 分鐘準備時間

這不只是道食譜,更是當有突如其來的訪客或突然嘴饞時的私藏美味小點心!

100g 黑巧克力	2 湯匙細蔗糖
2 茶匙芫荽籽	400 ～ 600g 希臘優格
1 茶匙肉桂粉	

將巧克力切碎。把優格以外的所有材料放進碗中,以電動攪拌器打成細碎狀,但不要太細。

享用時,將它們撒在優格上。或以羊奶鮮奶酪代替。

× 抹茶提拉米蘇 ×
Matchamisu

8 ～ 10 人份 / 20 分鐘準備時間 / 3 小時靜置時間

關於這個甜點，較有原則的人會堅持要自己製作抹茶海綿蛋糕。但這份食譜可以讓你省掉這個步驟，更簡單快速，卻依舊超級美味……

3 顆蛋黃
60g 細砂糖
225g 馬斯卡彭起司
50g 糖粉
250㎖ 新鮮鮮奶油
1 茶匙香草精
125㎖ 水
50g 抹茶
約 12 個手指餅乾

在一個攪拌盆中放入蛋黃及細砂糖，打勻至顏色變白呈慕斯狀。

於另一個攪拌盆將馬斯卡彭起司及糖粉打勻至柔軟。再一點一點加入鮮奶油，以手提打蛋器打發成香醍鮮奶油狀。接著拌入香草精和打好的蛋黃及糖，一起攪拌均勻。

在一鍋中倒入冷水加熱，將 2/3 的抹茶粉倒入使勁拌勻。靜置稍微冷卻後，倒入略有深度的大盤子中。

將手指餅乾浸在盤子的抹茶裡，再一個個擺放在約 20x28 公分的焗烤盤裡。如果茶還有剩的話，將茶淋在餅乾上。

將拌好的馬斯卡彭起司鋪平於餅乾上，放入冰箱靜置 3 小時。享用前，再撒上剩下的抹茶粉（未浸泡的）以做裝飾。

抹茶奶酪佐牛奶巧克力淋醬

Panna cotta au thé matcha
sauce au chocolat au lait

4 人份 / 5 分鐘烹調時間 / 4 小時冷藏時間

這個甜點既時尚又有美麗的色澤搭配。用到的抹茶粉有時是不太容易控制的。

奶酪

2 片吉利丁

1 根香草莢

350ml 鮮奶油

2 或 3 湯匙細砂糖

100ml 牛奶

約 2 茶匙抹茶粉

巧克力淋醬

200ml 鮮奶油

100g 牛奶巧克力

製作奶酪，在一碗中，放入吉利丁片，以冷水浸泡數分鐘。將香草莢從中間剖開。

鍋中放入鮮奶油及香草莢，加熱至沸騰。關火後加入砂糖。攪拌均勻使糖充分溶解。將吉利丁瀝乾，拌入鮮奶油裡，攪拌至使其融化。

在碗中倒入牛奶及抹茶粉。以打蛋器攪拌均勻，讓抹茶完全溶解於牛奶中。接著將抹茶牛奶一點一點拌入加熱過的鮮奶油中，期間可以試試味道。

將奶酪倒入高腳杯或法式布蕾杯中，放入冰箱冷藏 4 小時。

製作淋醬，將巧克力中切成小塊放入攪拌盆中，在一鍋中加熱鮮奶油後，倒入攪拌盆。靜置 1 分鐘，攪拌至巧克力融化。靜置冷卻（但不要讓它凝固）。

將奶酪取出容器（請參考食譜 124 頁），搭配牛奶巧克力淋醬一起享用。

番紅花烤布蕾佐血橙雪酪、榛果餅乾

Crème brûlée au safran
sorbet à l'orange sanguine, cookies au beurre noisette

4～6 人份 / 2 小時準備時間 / 6 小時冷凍時間 / 2 小時烹調時間 /
1 小時冷藏時間

一個精緻優雅的甜點。將三種元素的搭配組合，伴隨幸福感而來……

烤布蕾

250㎖ 全脂牛奶

1 小撮番紅花絲

10 顆蛋黃

175g 細砂糖

750㎖ 鮮奶油

100g 細蔗糖

雪酪

300㎖ 血橙汁

100g 細砂糖

餅乾

225g 半鹽奶油

200g 細砂糖

280g 麵粉

製作烤布蕾，預熱烤箱至 120 度（th. 4）。將番紅花及牛奶放入鍋中加熱至沸騰。接著關火靜置冷卻，浸泡入味。

攪拌盆中放入蛋黃及砂糖，打發至顏色變白呈慕斯狀。加入番紅花牛奶及鮮奶油，攪拌均勻，使色澤光滑。將奶霜過篩後，倒入 4～6 個法式布蕾杯裡。

將布蕾杯放置在烤盤上，烘烤 1 小時 30 分鐘，直到布蕾成形、有彈性。

製作雪酪，將血橙汁和糖放入鍋中，小火加熱使糖溶解。靜置冷卻後，放入冰箱。接著倒入製冰機裡，啟動機器攪拌流程。再放入冷凍備用。如果你沒有製冰機的話，將煮好的糖漿倒入一個可密封的保鮮盒裡，放進冷凍至少 6 小時，使其成形。期間至少每一小時要拿出來一次，以叉子攪拌。

製作餅乾，在小鍋中放入奶油，以小火加熱直到奶油變成淺褐色。將奶油倒入碗中，放入冰箱。待奶油凝固，與砂糖一起放入攪拌盆中，以手提打蛋器打約 3 分鐘，直到它們顏色變白呈慕斯狀。最後加入麵粉拌勻。

將麵團製成球型，覆蓋上保鮮膜，放入冰箱至少 1 小時。

預熱烤箱至 180 度（**th. 6**）。將麵團從冰箱取出，把他們分成數個小球。然後將它們放在已鋪好烘焙紙或矽膠烤墊的烤盤上，每個麵團之間保持一定間隔。烘烤約 10 分鐘，直到餅乾充分上色。將餅乾取出烤箱，撒上一點糖。靜置冷卻。

在烤布蕾上撒細蔗糖，以瓦斯噴槍稍微噴一下，使布蕾表面焦糖化。搭配餅乾和雪酪一起享用。

鮮奶油愛爾蘭咖啡

Crèmes Irish coffee

6 人份 / 30 分鐘準備時間 / 2 小時冷藏時間

這個超級復古的甜點（搭配吉利丁和玉米粉）來自無可匹敵的德莉亞·史密斯（Delia Smith）。我在裡面加了點威士忌，讓這個甜點比較不那麼乖，這樣才像我的版本……

5 片吉利丁
4 顆蛋
250㎖ 牛奶
1 茶匙玉米粉
6 茶匙即溶濃縮咖啡粉
2 湯匙威士忌
200㎖ 法式酸奶油
150㎖ 新鮮鮮奶油

咖啡糖漿

175g 細蔗糖
225㎖ 水
3 茶匙即溶濃縮咖啡粉

在碗中將吉利丁片泡水數分鐘後，充分瀝乾。把蛋黃和蛋白分離。

將牛奶倒入一個鍋子，以小火加熱。在攪拌盆中，放入蛋黃及玉米粉攪拌均勻。等到牛奶沸騰時，將牛奶倒入蛋黃中打勻。

將前一步驟拌勻的材料倒回鍋中，加入咖啡粉和瀝乾的吉利丁片。小火加熱，均勻攪拌至質地濃稠。靜置冷卻後，加入威士忌和酸奶油。

將蛋白以手提打蛋器打發，然後加進咖啡奶霜裡拌勻。將慕斯分裝至高腳杯中，以保鮮膜封住，放進冰箱冷藏 2 小時。

製作咖啡糖漿，在一鍋中放入水及細蔗糖，小火慢煮約 15 分鐘，直到糖完全溶解。將咖啡粉放入一個碗裡，以一湯匙熱水溶解後，加進糖漿中。放入冰箱靜置冷卻。

在咖啡奶霜上，淋入咖啡糖漿，再以手提打蛋器將鮮奶油打成香醍鮮奶油狀，做為裝飾，一起享用。

× 百香果奶酪 ×

Panna cotta aux fruits de la Passion

6 人份 / 20 分鐘準備時間 /
3 小時冷藏時間

為純白無瑕的奶酪帶來色彩的美麗甜點。

4 片吉利丁	100g 細砂糖
1 根香草莢	3 顆百香果汁及果肉
500㎖ 鮮奶油	

將吉利丁片放進裝有冷水的碗裡浸泡 5 分鐘，使其變軟。將香草莢從中間剖開，以刀子刮出香草籽。

這段期間，在鍋中放入鮮奶油、香草籽及香草莢，中火加熱，注意不要沸騰。關火後，取出香草莢，再加入砂糖攪拌均勻。瀝乾吉利丁片後，加入熱奶霜中。攪拌使其溶解，靜置冷卻。

先將百香果肉放入布蕾杯或玻璃杯底部，再將奶霜倒入。放進冰箱冷藏至少 3 小時（可以的話，冷藏一夜），讓奶霜凝結成奶酪。

輕微加熱玻璃杯或布蕾杯底部，使奶酪脫模。然後將奶酪倒扣在盤子上。或跳過這個步驟，將百香果肉及果汁淋在奶酪上直接享用。

× 檸檬奶霜&蜂蜜餅乾 ×

Crèmes au citron et biscuits au miel

---

4 人份 / 20 分鐘準備時間 / 2 小時冷藏時間

一道優雅、所向披靡的甜點！

---

4 顆蛋	300㎖ 新鮮鮮奶油
140g 細砂糖	6 或 7 片蜂蜜檸檬消化餅乾
30g 無鹽奶油	（穀物麥片餅乾或食譜 120
2 顆檸檬汁及檸檬皮屑	頁的餅乾）

將蛋及砂糖放入攪拌盆中，輕輕以打蛋器拌勻。接著
倒入一個小鍋中，加入奶油、檸檬汁及檸檬皮屑。

在另一大鍋中，注入水。將放了所有材料的小鍋放在
大鍋中，隔水加熱至大鍋中的水微微沸騰。繼續煮
15 分鐘，期間不停攪拌，直到它們變得濃稠像奶醬
一般。之後放進冰箱冷藏 2 小時。

享用前，以手提打蛋器將鮮奶油打成香醍鮮奶油，然
後和檸檬奶霜一起拌勻。將奶霜分裝進小杯子或小碗
中。把餅乾剁碎，撒在表面上，或是搭配食譜 120 頁
的餅乾一起享用。

× 焦糖牛奶醬 ×

Caramel au lait
(ou confiture de lait
pour les Français !)

4～6 人份 / 20 分鐘烹調時間

有兩種方式可製作焦糖牛奶醬。你可以用隔水加熱方式，小火慢煮煉乳 3 小時（小心不要讓水都蒸發了！），或選擇我這個食譜來製作。

2 湯匙細蔗糖　　　　　1 個中型碗量的煉乳
2 湯匙半鹽奶油

在鍋中放入細蔗糖及奶油加熱融化。然後倒入煉乳一起加熱，將火轉小，以小火慢煮約 15 分鐘，直到它們焦糖化。

將焦糖牛奶醬倒入乾淨的容器內，高腳玻璃杯或布蕾杯，靜置冷卻即可享用。你也可以搭配其他甜點，例如，將 165 頁的迷你泡芙沾裹焦糖醬一起品嚐。

132

柔軟綿密

Moelleux

169

× 紅蘿蔔蛋糕 ×
Le carrot cake

8 人份 / 10 分鐘準備時間 /45 分鐘烹調時間

這是重新詮釋巴黎有機下午茶名餐廳 Rose Bakery 的版本，為了讓蛋糕更柔軟，我的食譜加了一點鹽及肉桂提味。

蛋糕

25g 奶油

5 根紅蘿蔔（每根約 100g）

4 顆蛋

225g 細砂糖

300㎖ 葵花油

300g 麵粉

1 茶匙五香粉（或只放肉桂粉及肉豆蔻粉）

1 包泡打粉（約 11g）

150g 切碎的核桃

奶霜

125g 軟化的半鹽奶油

250g 原味優格

100g 糖粉

½ 茶匙香草精

製作蛋糕，烤箱預熱至 180 度（th.6）。將直徑 22 公分的烤模塗上奶油及均勻撒上麵粉。紅蘿蔔去皮後，刨成細絲。

將蛋及糖放入攪拌盆，打發至顏色變白膨脹。將葵花油慢慢倒入，再持續攪拌數分鐘。接著加入紅蘿蔔絲、麵粉、五香粉及泡打粉，最後放入核桃攪拌均勻。

將麵糊倒入烤模中，烘烤 45 分鐘。為確認蛋糕是否烤好，可以使用一把刀子插入蛋糕中心，若取出時，刀面乾淨沒有沾黏蛋糕糊，就表示蛋糕烤好了。將蛋糕脫膜，靜置冷卻。

製作奶霜，將所有糖霜材料放入攪拌盆中攪拌均勻。將奶霜鋪平於蛋糕上，即可享用。

× 焦糖椰棗布丁 ×

Pudding caramélisé aux dattes

6 ～ 8 人份 / 30 分鐘準備時間 /
40 分鐘烹調時間

這份食譜必須放入一樣英式料理中不可或缺的材料：烘焙用小蘇打粉！但別擔心，這很容易買到。

布丁	175g 拌入泡打粉的麵粉
275ml 水	（編註：以170g麵粉 + 5g泡打粉混合）
175g 椰棗	1 茶匙香草精
1 茶匙小蘇打粉	
75g 半鹽奶油	淋醬
80g 細蔗糖（cassonade）	500ml 鮮奶油
80g 紅糖	150g 無鹽奶油
	150g 紅糖

烤箱預熱至 180 度（th.6）。將剁碎的椰棗放在攪拌盆中，以沸騰的水浸泡。待水溫降低，拌入其他布丁材料。以電動攪拌器全部打勻，將塊狀椰棗打成碎末。

在焗烤盤抹上奶油後，倒入麵糊。烘烤布丁約 40 分鐘後，取出烤盤，然後預熱烤箱的烤架。

在鍋中倒入所有淋醬的材料，煮至沸騰。將一半的淋醬倒在布丁上，放至烤架，烘烤直到表面產生氣泡。

將剩下的淋醬搭配布丁一起享用。如果你手邊有的話，最後可再擺上法式酸奶油或凝脂奶油（clotted cream）。

× 開心果優格蛋糕佐玫瑰蜂蜜糖漿 ×

*Gâteau au yaourt
miel, eau de rose et pistaches*

8 ～ 10 人份 / 20 分鐘準備時間 / 50 分鐘烹調時間

我吃到這個蛋糕（並且偷了這一份食譜！）是在愛爾蘭，第一次去拜訪厲害的甜點師朋友時嚐到的。這個甜點應該是源自於漂亮甜美、堪稱家常料理界中的愛爾蘭仙女瑞秋・艾倫（Rachel Allen）的其中一本書。

蛋糕

225g 麵粉

1 茶匙泡打粉

100g 細砂糖

75g 杏仁粉

2 顆蛋

1 湯匙液狀蜂蜜

250㎖ 原味優格

150㎖ 葵花油

1 顆綠檸檬皮屑

100g 碾碎的開心果

糖漿

150㎖ 水

100g 細砂糖

1 或 2 顆檸檬汁

1 茶匙玫瑰水

製作蛋糕，烤箱預熱至 180 度（th.6）。將直徑 20 公分的烤模抹上奶油及均勻撒上麵粉。將麵粉及泡打粉過篩至攪拌盆中，加入糖及杏仁粉。

在另一攪拌盆中放入蛋、蜂蜜、優格、葵花油及檸檬皮屑。然後將另一個攪拌盆的粉類材料倒入這個攪拌盆中，攪拌約 1 分鐘，直到全部混合均勻。

將開心果拌入麵糊中攪拌均勻（保留一些開心果做為裝飾）。再將麵糊倒入烤模中，烘烤約 50 分鐘。

利用這段期間，**製作糖漿**。在鍋中放入水和糖攪拌均勻，煮至沸騰，直到糖漿變為原來份量的一半。靜置冷卻後，加入檸檬汁和玫瑰水。

確認蛋糕是否烤熟，用一把刀子插入蛋糕中心，若取出刀子時，刀面乾淨沒有沾黏蛋糕糊，就表示蛋糕烤好了。將蛋糕取出烤箱，靜置數分鐘後，淋上糖漿。如果你喜歡的話，可以在蛋糕多處戳孔，使糖漿滲入蛋糕。

讓蛋糕在烤模裡靜置直到完全冷卻，直到糖漿形成一層漂亮的表面。撒上一些開心果做裝飾，即可享用。

× 核桃咖啡蛋糕佐奶油糖霜 ×

Gâteau au café et aux noix glaçage à la crème au beurre

8～10 人份 / 15 分鐘準備時間 / 25 分鐘烹調時間

這和維多利亞海綿蛋糕（請參考食譜 141 頁）一樣同是經典系列蛋糕。核桃及咖啡是種絕妙搭配的組合，加上奶油糖霜更讓滋味提升一層……

蛋糕

250g 麵粉

1 茶匙泡打粉

250g 軟化半鹽奶油

4 顆蛋

250g 細蔗糖

1 湯匙濃縮咖啡（使用即溶咖啡最為方便）

適量裝飾用核桃

糖霜

100g 軟化的無鹽奶油

200g 優格

150g 糖粉

½ 茶匙香草精

製作蛋糕，烤箱預熱至 180 度（th.6）。攪拌盆中放入麵粉及泡打粉拌勻。加入奶油，以手提打蛋器攪拌，再加入蛋、細蔗糖及咖啡。持續攪拌約 1 分鐘，直到麵糊變得光滑均勻。

將直徑 24 公分的圓形烤模塗上奶油及均勻撒上麵粉，再將麵糊倒入。烘烤約 25 分鐘。蛋糕應烘烤至表面呈金黃色、稍為鼓起。將蛋糕取出烤箱，數分鐘後再脫模。靜置冷卻。

這段期間，將糖霜的所有材料一起以手提打蛋器打發，直到糖霜變得輕盈蓬鬆。

將蛋糕從中間橫剖為 2 片。將一半的糖霜抹在一片蛋糕上。再將另一半蛋糕蓋上，像做三明治一樣。最後在表面抹上剩下的糖霜。享用前，擺上核桃做為裝飾。

× 維多利亞海綿蛋糕 ×
Victoria sponge cake

6 ～ 8 人份 / 10 分鐘準備時間 / 35 分鐘烹調時間

維多利亞蛋糕是英式下午茶中最經典、知名的一款。適合在一個打完板球或槌球的午後，坐在碧綠的草地上享用。注意，它可不只是個簡單的海綿蛋糕！這個蛋糕需有充分的奶油香味，但蛋糕體不能太過緊密紮實。內餡部分，你可以用香醍鮮奶油或奶油糖霜（夏天時，搭配覆盆子或小塊草莓更是完美）。覆盆子果醬更是不可或缺。我如往常一般，使用半鹽奶油。但在這份食譜裡，你可以用半鹽奶油做奶油糖霜，用無鹽奶油做蛋糕。

蛋糕
175g 麵粉
1 茶匙泡打粉
4 顆中型雞蛋（或 3 顆大型雞蛋）
175g 細砂糖
175g 軟化的無鹽奶油

內餡
150g 軟化的半鹽奶油
350g 糖粉
½ 茶匙香草精
4 湯匙覆盆子果醬

製作蛋糕，烤箱預熱至 180 度（th.6）。在攪拌盆中篩入麵粉及泡打粉，盡量將篩網舉高，讓空氣能進入攪拌盆中。將蛋糕的其他材料加入，以打蛋器攪拌約 1 分鐘，直到麵糊變得光滑均勻。麵糊狀態需呈：用木匙舀起時，流暢滑落。若麵糊太過稠重，再加入一湯匙的牛奶，攪拌數秒鐘使其均勻。

將兩個直徑 20 公分、高 4 公分的烤模抹上奶油及均勻撒上麵粉。將麵糊倒入烤模中，抹平表面，烘烤約 30 ～ 35 分鐘，過程中不要打開烤箱門。為了測試蛋糕是否以烘烤好，用手指輕壓蛋糕表面，蛋糕若回彈，就表示已經烤好了。

將蛋糕從烤箱中取出，一分鐘後，脫模（可用刀子輕刮烤模內壁，以便取出）。靜置完全冷卻。

製作內餡，在攪拌盆中放入奶油、糖粉及香草精，以手提打蛋器攪拌直到成輕盈霜狀。將其中一塊蛋糕均勻抹上奶油糖霜，再鋪上覆盆子果醬。蓋上另一塊蛋糕，即可享用。

× 松子蛋糕 ×
佐杏仁、檸檬、瑞可塔起司

Gâteau aux pignons de pin
amandes, citron et ricotta

8 人份 / 20 分鐘準備時間 / 1 小時烹調時間

這是款香氣十足、柔軟且不需要用到麵粉製作的甜點……

225g 去皮杏仁	3 顆打好的蛋
50g 松子	1 顆檸檬汁及檸檬皮屑
175g 軟化的無鹽奶油	1 茶匙泡打粉
200g 細砂糖	150g 瑞可塔起司（ricotta）

烤箱預熱至 160 度（th. 5-6）。將一直徑 22 公分、底部可拆卸的烤模塗上奶油及均勻撒上麵粉。

平底鍋中不用加任何油脂，乾炒杏仁及松子。或將它們放在鋪了烘焙紙的烤架上，放入烤箱烘烤。靜置冷卻後，以食物調理機打成碎屑。

攪拌盆中放入奶油及糖，以手提打蛋器打發，直至顏色變白份量膨脹。

加入打碎的杏仁及松子拌勻。接著慢慢加入蛋、檸檬皮屑及檸檬汁、泡打粉攪拌。最後，拌入已用打蛋器攪拌過的瑞可塔起司，混合均勻。

將麵糊倒入烤模中，烘烤約 50 分鐘至 1 小時。將蛋糕自烤箱取出，稍微冷卻後脫模。

× 蜂蜜椰棗香蕉蛋糕佐威士忌糖霜 ×

Cake aux dattes
bananes et miel, glaçage au whisky

8 人份 / 10 分鐘準備時間 / 1 小時烹調時間 / 1 小時靜置時間

這是個「成人」版本。口味豐厚柔軟的蛋糕，太常被視為次等、適合給小孩放在野餐盒中的甜點。如果你喜歡的話，可以將威士忌糖霜用檸檬蘭姆酒糖霜替代。

蛋糕

120g 去果核椰棗（建議選用 Medjool 品種）

300g 熟成香蕉

225g 麵粉

100g 粗黑糖

175g 軟化的半鹽奶油

3 湯匙液狀蜂蜜

2 顆打好的蛋

糖霜

50g 奶油

200g 糖粉

1 茶匙香草精

30～50㎖ 威士忌或波本威士忌（bourbon）

製作蛋糕，烤箱預熱至 160 度（th. 5-6）。 將一中型烤模抹上奶油及均勻撒上麵粉。椰棗切成小塊。香蕉去皮後，用叉子壓碎。

攪拌盆中放入麵粉及黑糖，再拌入軟化奶油、蜂蜜及蛋。 以手提打蛋器攪拌 2 或 3 分鐘，直到完全均勻。然後加入椰棗及香蕉，攪拌均勻。

將麵糊倒入烤模中，烘烤 1 小時。 為了測試蛋糕是否已烤好，用一把刀子插入蛋糕中心，若將刀子取出時，刀面乾淨沒有沾黏蛋糕糊，就表示蛋糕烤好了。將蛋糕自烤箱取出，靜置冷卻，利用這段時間準備製作糖霜。

在一個攪拌盆中放入糖粉及香草精，將奶油溶化後倒入。 攪拌均勻，然後加入威士忌，使糖霜變濃稠。

先不要將蛋糕脫模，淋上糖霜靜置冷卻，使糖霜浸透蛋糕入味。 待蛋糕冷卻、糖霜變乾後，即可享用。

× 天使蛋糕 ×
Angel cake

6 ～ 8 人份 / 20 分鐘準備時間 / 40 分鐘烹調時間

這是個從美國直飛送達的甜點,我將提供最原始的版本。為了做出質地柔軟的海綿蛋糕,你必須找到塔塔粉(可以在烘焙材料店或網路上找到)。

6 顆蛋白
1 小撮鹽
1 湯匙檸檬汁
1 茶匙塔塔粉(cream of tartar)
150g 細砂糖
1 茶匙香草精
60g 麵粉

在一直徑 22 公分、高 10 公分的圓形烤模內鋪上烘焙紙。注意,不要將烤模抹上奶油,也不要使用矽膠烤墊,否則蛋糕可能會失敗:這會使蛋糕無法膨高,因為蛋糕不會黏在烤模內壁。

烤箱預熱至 190 度(th. 6-7)。以手提打蛋器將蛋白、鹽及檸檬汁打勻直到呈慕斯狀,但不要變得太紮實堅硬。

加入塔塔粉,再次打發至蛋白霜能附著於攪拌器上的程度。輕輕拌入糖,再繼續打發約 2 分鐘。接著倒入香草精攪拌均勻。

當蛋白霜變得紮實光滑時,加入過篩的麵粉,並用一大湯匙或刮刀將麵粉慢慢拌入。以切拌的方式,將蛋白霜和麵粉充分拌勻。

將麵糊倒入烤模中,烘烤約 35 ～ 40 分鐘。蛋糕表面應上色並膨起(用手指輕壓後,蛋糕表面會回彈成原狀)。

將蛋糕自烤箱取出,用刀子輕刮烤模內壁,使其較容易脫模。倒扣烤模在盤子上,靜置 10 分鐘後,再將烤模拿起。

可以搭配切片鳳梨、紅色新鮮水果或果泥、香醍鮮奶油一起享用。

╳ 橙香可麗餅 ╳
Crêpes Suzette

6 人份 / 15 分鐘準備時間 / 15 分鐘烹調時間

人生中至少要試一次的甜點！為了能嚐到濃厚的風味，請酌量使用淋醬。

可麗餅

120g 麵粉

1 湯匙細砂糖

2 顆蛋

200㎖ 全脂牛奶

1 顆柳橙皮屑

50g 融化的無鹽奶油

醬汁

3或4顆柳橙汁（約15 0㎖ ）

1 顆柳橙皮屑

1 顆檸檬皮屑

1 湯匙細砂糖

50g 半鹽奶油

3 湯匙柑曼怡橙酒（Grand-Marnier®）或君度橙酒（Cointreau®）

製作可麗餅麵糊，將麵粉過篩於攪拌盆中。加入糖，然後在中心挖一個小洞，倒入打好的蛋。以手提打蛋器慢慢的與麵粉拌勻。

接著將牛奶一點一點加入，持續攪拌。直到麵糊呈光滑狀。最後加入柳橙皮屑及少許奶油（保留一點奶油，屆時煎可麗餅時會用上）。

加熱平底鍋，並用餐巾紙在鍋子裡均勻抹一點奶油。放入一勺可麗餅麵糊，旋轉平底鍋，使麵糊鋪滿鍋子表面。將可麗餅煎至邊緣開始上色，然後用鏟子將可麗餅翻面。當另一面也充分上色後，將可麗餅放入盤中並保持其熱度。繼續煎可麗餅直到將麵糊用光（應該可以製作 12 片左右的可麗餅）。

製作醬汁，在另一個平底鍋中，小火加熱奶油，然後倒入所有醬汁材料，以木匙攪拌均勻。持續加熱至微微沸騰，然後將第一片可麗餅放入再加熱。

將可麗餅對折再對折，呈扇狀。把折過的可麗餅移至鍋邊，再繼續放入其他可麗餅。依續進行此步驟直到所有可麗餅浸入醬汁並對折。即可享用。

若你喜歡的話，可以在享用前，將好酒入鍋，炙燒一下可麗餅。

╳ 美式鬆餅 ╳
Fluffy pancakes
à l'américaine

約 10 片鬆餅 / 5 分鐘準備時間 /
20 分鐘靜置時間 / 15 分鐘烹調時間

一道適合禮拜日早晨及隔日派對的甜點。用心
體會吧！

150g 麵粉	2 顆打好的蛋
1 茶匙泡打粉	70g 融化的無鹽奶油
2 湯匙細砂糖	適量烹調用奶油
300㎖ 白脫牛奶（請參考	適量楓糖漿
67頁編註）	

將所有材料倒入攪拌盆中，以手提打蛋器攪拌成光滑
狀。接著靜置 20 分鐘。

在平底鍋中加熱奶油。將一勺麵糊倒入鍋子中心，不
要將麵糊鋪得太平，使鬆餅能輕微膨起。直到表面冒
小泡泡時，再將鬆餅翻面，讓另一面也煎至上色。繼
續製作鬆餅直到麵糊用盡。

將熱熱的鬆餅搭配奶油及楓糖漿一起享用。

✕ 法式可頌吐司 ✕
佐焦糖、波本威士忌
Croissants perdus
au caramel et au bourbon

4 人份 / 20 分鐘準備時間 /
10 分鐘靜置時間 / 20 分鐘烹調時間

奈潔拉（Nigella）女王的經典甜點混搭我的醬汁。這道甜點完美地利用了禮拜天早午餐後，被拋棄的可頌。如果沒有信心自己製作焦糖醬汁，你可以用香草醬和一點糖加熱，融化 2 湯匙現成的鹹焦糖奶油。

3 個不太新鮮的可頌	3 顆打好的蛋
125g 細砂糖	2 湯匙威士忌或波本威士忌
2 湯匙水	（bourbon）或蘭姆酒（依
250mℓ 鮮奶油	個人喜好選擇）

熱烤箱至 180 度（th. 6）。將可頌撕成塊狀，放入 20×28 公分大小的焗烤盤中（或其他可放入烤箱、有深度的烤盤即可）。

將砂糖和水放入鍋中。加熱使砂糖溶解，以小火慢煮，直到焦糖成形，變成美麗的色澤後關火。在另一鍋中，加熱鮮奶油，然後倒入焦糖中。

為了使蛋不會受到熱度的影響變熟，稍微等待焦糖奶油醬冷卻，再將它們和蛋攪拌均勻。如果你喜歡的話，可在此時加入威士忌。

將奶醬倒入可頌中，浸泡 10 分鐘。撒上糖粉，烘烤 20 分鐘。可以趁熱或冷卻後享用。

帥哥廚師里尼亞克的
× 法式吐司 ×
Brioche perdue
façon Cyril Lignac

4 人份 / 10 分鐘準備時間 /
10 分鐘烹調時間

想來一塊美味柔軟、色澤金黃的美味布里歐
許……

3 顆蛋	適量糖粉
200㎖ 全脂牛奶	適量鹹味焦糖奶油醬（請參
4 塊切厚片的布里歐許	考食譜 22 頁）或焦糖梨子或
或吐司	蘋果（請參考食譜 180 頁）
50g 半鹽奶油	

將蛋和牛奶在一攪拌盆或有深度的盤中攪拌均勻。

把切片的布里歐許浸入蛋奶液中，靜置一段時間，直
到他們充分吸附蛋奶液。

把一塊核桃大小的奶油放入有深度的平底鍋中加熱，
然後將布里歐許放入鍋中，每面煎數分鐘。將糖粉撒
入半煎好的布里歐許上中，使其慢慢形成焦糖、充分
上色。

將布里歐許搭配鹹味焦糖奶油醬，和焦糖梨子或蘋果
一起享用。

× 格狀鬆餅 ×

這裡提供兩種不容錯過的鬆餅。淋醬部分，就靠你自己創意嘗試囉！

比利時鬆餅
Gaufres belges

4 人份 / 10 分鐘準備時間 / 10 分鐘烹調時間

4 顆蛋
250g 細砂糖
250g 麵粉
250g 融化的無鹽奶油

將蛋黃及蛋白分開。 在一攪拌盆中倒入糖、麵粉及融化的奶油、蛋黃拌勻。在另一攪拌盆中，以手提打蛋器將蛋白打發成霜，然後拌入前一個攪拌盆中的麵糊。

鬆餅機抹上奶油預熱。 倒入適量的麵糊到機器上，蓋上鬆餅機加熱，直到鬆餅變成金黃色。繼續製作鬆餅直到麵糊用盡。

美式白脫牛奶鬆餅
Gaufres au lait ribot à l'américaine

4 人份 / 5 分鐘準備時間 / 10 分鐘烹調時間

250g 麵粉
70g 細蔗糖
½ 茶匙泡打粉
½ 茶匙肉桂粉
½ 茶匙細鹽
4 顆蛋
125g 融化的無鹽奶油
400㎖ 白脫牛奶（請參考67頁編註）

將麵粉、細蔗糖、泡打粉、肉桂粉和鹽倒入攪拌盆中拌勻。 在粉類材料中心挖一個小洞，倒入打好的蛋、奶油及牛奶。以手提打蛋器慢慢拌勻。

鬆餅機抹上奶油預熱。 照比利時鬆餅的步驟 2 方式，製作鬆餅。

× 法式吐司佐果醬&威士忌 ×

Pain perdu à la marmelade et au whisky

4～6 人份 / 10 分鐘準備時間 / 45 分鐘烹調時間

一道提神的甜點，就像在爐火邊品嚐的果醬吐司一樣。

8 片不新鮮的麵包片
50g 軟化的半鹽奶油
1 罐柳橙果醬
1 根香草莢
500㎖ 鮮奶油
4 湯匙細砂糖
2 湯匙威士忌
4 顆蛋
1 湯匙糖粉

將麵包片兩面都抹上奶油。將其中 4 片麵包片上抹柳橙果醬，接著和另一半吐司結合，變成 4 個三明治。將它們擺入可以放進烤箱的容器中。

將香草莢從中剖開，用刀子刮出香草籽。

在攪拌盆中放入鮮奶油、砂糖、香草籽、威士忌和蛋，以打蛋器攪拌均勻。將拌好的奶霜倒入麵包片中，浸泡 15 分鐘。

烤箱預熱至 180 度（th. 6）。在麵包表面撒上糖粉，烘烤約 45 分鐘，直到邊緣呈焦糖色。

× 法式吐司佐花生醬&果凍 ×

Pain perdu au beurre de cacahuètes et à la gelée

4～6 人份 / 10 分鐘準備時間 / 15 分鐘靜置時間 / 45 分鐘烹調時間

貓王應該會喜歡！

8 片不新鮮的吐司	500㎖ 鮮奶油
4 湯匙花生醬	4 湯匙細砂糖
4 湯匙軟化的半鹽奶油	4 顆蛋
4 湯匙黑加侖果凍或櫻桃、黑醋栗、覆盆子口味的果凍	1 湯匙糖粉

將吐司一面抹上花生醬，另一面抹上半鹽奶油。然後於有花生醬的那面，再抹上果凍，兩片兩片組合，形成 4 個三明治。擺入可放進烤箱的容器中。

在攪拌盆中放入鮮奶油、砂糖及蛋，攪拌均勻。將奶霜倒入吐司中，浸泡 15 分鐘。

烤箱預熱至 180 度（th. 6）。於吐司表面撒上糖粉，烘烤約 45 分鐘，直到邊緣呈焦糖色。

× 三奶蛋糕 ×
Tres leches cake

8 ～ 10 人份 / 20 分鐘準備時間 / 35 分鐘烹調時間 / 40 分鐘靜置時間

這是道源自拉丁美洲的甜點，沉浸在三種奶類中，並佐以奶油。總之，就是一場美夢……

蛋糕
130g 麵粉
2 茶匙泡打粉
5 顆蛋
200g 細砂糖
80㎖ 牛奶
1 茶匙香草精
250㎖ 無糖煉乳
250㎖ 煉乳
65㎖ 鮮奶油

裝飾
350㎖ 新鮮鮮奶油
2 湯匙糖粉
適量酒漬櫻桃（marasquin
櫻桃酒）

製作蛋糕，烤箱預熱至 180 度（th. 6）。將大小約 23×28 公分的焗烤盤抹上奶油。將麵粉及泡打粉倒入攪拌盆中。分開蛋黃及蛋白。

在另一個攪拌盆中，放入蛋黃及 150g 的砂糖，打發直到顏色變白份量加大。接著加入牛奶和香草精後，倒入麵粉及泡打粉的攪拌盆中，輕輕拌勻，直到質地變光滑。

以手提打蛋器將蛋白打發成霜，再拌入剩下的砂糖。繼續攪拌直到蛋白霜變得紮實堅挺。接著拌入前一步驟中的麵糊，以切拌的方式，輕輕拌勻。

將麵糊倒入烤盤中，烘烤約 35 分鐘。為測試蛋糕是否烤好，可以用一把刀子插入蛋糕中心，取出時，若刀面乾淨沒有沾黏蛋糕糊，就表示蛋糕烤好了。將蛋糕取出烤箱，稍微冷卻後，將蛋糕脫模放在涼架上。然後將它放在一個長形的盤子中，小心不要使邊緣變形，靜置完全冷卻。

將煉乳及鮮奶油倒入碗中拌勻。用叉子在蛋糕上戳幾個小孔，淋上煉乳鮮奶油，靜置 30 ～ 40 分鐘，使蛋糕吸收淋醬。

製作裝飾蛋糕的糖霜，將鮮奶油及糖粉以手提打蛋器打成香醍鮮奶油，鋪平於蛋糕上。在享用前將蛋糕冷藏保存。最後再擺上酒漬櫻桃（這是一定要的！）做為裝飾。

焦糖迷你泡芙佐馬斯卡彭奶霜

Minichoux au caramel
à tremper dans leur crème au mascarpone

約 30 個小泡芙 / 25 分鐘準備時間 / 25 分鐘烹調時間

這食譜選擇以沾浸的方式替代為每個小泡芙填入奶霜的步驟，可以省下不少麻煩。

泡芙麵糊

100㎖ 牛奶

100㎖ 水

90g 無鹽奶油

1 小撮鹽

1 小撮細砂糖

110 g 過篩的麵粉

4 顆打好的蛋

焦糖

200g 細砂糖

3 湯匙水

香醍鮮奶油

250㎖ 新鮮鮮奶油

2 湯匙馬斯卡彭起司

1 湯匙糖粉

烤箱預熱至 210 度（th.7）。製作泡芙，將牛奶、水、奶油、鹽和砂糖放入鍋中，煮至沸騰。接著轉小火煮約 20 秒。將麵粉一次倒入鍋中，以木匙充分攪拌。麵糊一開始會呈現濃稠、結顆粒狀，這是正常的。持續在爐火上攪拌直到麵糊消脹、不再黏鍋。

靜置冷卻數分鐘，然後將蛋一個一個拌入，以打蛋器持續攪拌。（如果你的手肘已接近虛脫，可以改用手提打蛋器攪拌！）蛋的大小不盡相同，所以過程中需要用手指插入麵糊，確認質地。如果麵糊很快恢復成原狀，沒有留下痕跡，表示麵糊已經完成，可以不用再加蛋進去。

將烤盤鋪上烘焙紙或矽膠烤墊。以一小茶匙，將麵糊分成一小團一小團放在烤盤上，每個相隔約 3 公分的間距。

如果你希望泡芙光滑有光澤，可以在烘烤前將你的手指沾濕，輕輕將水氣沾在泡芙表面。烘烤約 25 分鐘，直到泡芙膨脹上色，再將他們取出烤箱，放在涼架上靜置冷卻。

製作焦糖，在一個底部寬大的鍋中加入水和糖拌勻，加熱使糖充分溶解。以小火慢煮至焦糖成形，產生美麗的色澤。

當焦糖充分上色後關火，接著將泡芙的其中一面輕輕浸入其中，再立刻將泡芙放回烘焙紙或矽膠烤墊上，使焦糖冷卻凝固。

將鮮奶油、馬斯卡彭起司及糖粉以手提打蛋器打成香醍鮮奶油。搭配鮮奶油與焦糖泡芙一起享用。

× 精靈蛋糕 ×
Fairy Cakes

約 12 個蛋糕 / 5 分鐘準備時間 / 15 分鐘烹調時間

只是為了不要再叫它杯子蛋糕……

巧克力精靈蛋糕

125g 軟的無鹽奶油

125g 細砂糖

3 顆蛋

100g 麵粉

½ 茶匙泡打粉

30g 可可粉

原味精靈蛋糕

125g 軟的無鹽奶油

125g 細砂糖

3 顆蛋

100g 麵粉

½ 茶匙泡打粉

1 茶匙香草精

奶霜

150g 軟的無鹽奶油

250g 糖粉

50g 可可粉（巧克力口味）

或 ½ 茶匙香草精（原味）

特殊器材

瑪芬烤模

瑪芬紙模

製作奶霜，在一攪拌盆中，放入奶油及糖粉，以手提打蛋器打勻，直到呈奶霜狀。接著加入可可粉或香草精。如果你想製作兩種糖霜的話，將奶霜分為兩份，一份放入可可粉，另一份放入香草精。

烤箱預熱至 180 度（th. 6）。將紙模放入瑪芬烤模裡。

製作精靈蛋糕，在攪拌盆中放入奶油及糖，以手提打蛋器打發，再拌入蛋、麵粉、泡打粉。製作巧克力蛋糕的話，加入可可粉。製作原味蛋糕的話，則放入香草精。

將麵糊倒入烤模中，至容量的一半即可。烘烤約 15 分鐘，直到蛋糕膨脹變硬。將蛋糕取出烤箱，稍微靜置冷卻。

享用前，將奶霜以刮刀或擠花袋裝飾在蛋糕上。

× 紅味噌奶霜 ×
Crème au miso rouge

約 4 個杯子蛋糕量 / 3 分鐘準備時間

120g 軟化的無鹽奶油

1 湯匙紅味噌

100g 糖粉

½ 茶匙香草精

½ 茶匙無添加檸檬皮屑

將所有材料倒入攪拌盆中，以手提打蛋器攪拌勻。奶霜應呈光滑均勻狀。你也可以以這個奶霜來裝飾原味精靈蛋糕。

╳ 干邑檸檬蛋糕 ╳

Gâteau au citron et au cognac

8～10 人份 / 10 分鐘準備時間 /
35 分鐘烹調時間

干邑酒為這個豐厚口感的蛋糕帶來無法抵抗的
一擊。搭配檸檬蛋黃醬一起享用，這甜點真的
太絕了！

蛋糕

100g 軟化的半鹽奶油

175g 細砂糖

175g 麵粉

1 茶匙泡打粉

2 顆蛋

3 湯匙全脂牛奶

1 湯匙干邑白蘭地

糖霜

125g 細砂糖

2 顆檸檬汁

製作蛋糕，烤箱預熱至 180 度（th. 6）。在攪拌盆
內放入奶油、砂糖打發，接著拌入麵粉、泡打粉、蛋，
牛奶及甘邑酒，以手提打蛋器攪拌約 1 分鐘，直到呈
均勻滑順的奶霜狀。

**將麵糊倒入一個抹好奶油及均勻撒上麵粉的蛋糕烤模
中**，烘烤 35 分鐘，直到表面上色。為了確認蛋糕內
部是否烘烤好，可以用一把刀子插入蛋糕，若取出後，
刀面乾淨沒有沾黏蛋糕糊，就表示蛋糕烤好了。將蛋
糕自烤箱取出，先不要脫模。

製作糖霜，將糖和檸檬汁混合後，淋在蛋糕上。注意，
要趁蛋糕還熱的時候淋上糖霜。將蛋糕靜置完全冷
卻，使糖霜變乾。享用前，再將蛋糕脫模即可。

1723

Fruité

203

× 黑莓蘋果蛋糕 ×

Shortcake aux mûres et aux pommes

6 ～ 8 人份 / 25 分鐘準備時間 / 35 分鐘烹調時間

安心又提神。是個秋日散步後最完美的選擇。

蛋糕

150g 冰的無鹽奶油
300g 麵粉
1 茶匙泡打粉
100g 糖粉
75㎖ 白脫牛奶（請參考67頁編註）
1 顆蛋

餡料

3 顆帶有酸度，口感較硬的蘋果
1 湯匙細砂糖
250g 黑莓
300㎖ 新鮮鮮奶油
適量裝飾用糖粉

製作蛋糕，烤箱預熱至 180 度（th. 6）。將奶油切丁。

將麵粉、泡打粉及奶油放入攪拌盆中，以手提打蛋器攪拌直到質地呈麵包屑狀。接著加入糖。在粉中心挖一個洞，倒入牛奶及打好的蛋。用手指慢慢揉麵團（別太用力！），直到麵團變得有點黏稠。

工作台上撒一點麵粉，揉捏麵團約 1 分鐘。在一個直徑約 18 ～ 20 公分的圓形烤模裡抹上奶油，放入麵團。烘烤約 30 ～ 35 分鐘，直到蛋糕充分上色膨脹。

這段期間準備內餡，將蘋果削皮，切成四大塊去籽。將約為一顆蘋果的水量倒入鍋中，加入糖煮至沸騰。將蘋果浸入糖水中煮沸，直到蘋果變軟、水蒸發。再加入黑莓，輕輕壓碎。靜置冷卻。

利用靜置的時間，將鮮奶油以手提打蛋器打成香醍鮮奶油。

將蛋糕從中間橫切，於底部那片蛋糕的切面抹上香醍鮮奶油，擺上水果，再將另一片蛋糕鋪上。撒上糖粉後即可享用。

× 柑橘蛋糕 ×
Gâteau succulent aux clémentines

10 人份 / 2 小時 15 分準備時間 / 1 小時烹調時間

又是一道風靡世界的甜點，當我們提及大廚奧托‧倫吉（Yotam Ottolenghi）和地中海料理時，會想起這道甜點的玫瑰水及橙花香氣。在這本書我提供一個最基礎的版本，你可以自由變化，加入開心果、石榴或加上異國風味的糖霜……

蛋糕

1 顆或 2 顆較小的有機柑橘
6 顆蛋
250g 細砂糖
250g 烘焙用杏仁粉
1 茶匙泡打粉
適量玫瑰花瓣、去皮開心果
（依個人喜好選擇）

糖霜

1 顆檸檬汁及檸檬皮屑
2 湯匙細砂糖

製作蛋糕，在鍋中裝水加熱，將柑橘浸煮約 2 個小時，讓水維持微微沸騰。期間視情況補水。將柑橘瀝乾，靜置冷卻。接著以電動攪拌器將它們打成泥。

烤箱預熱至 190 度（th. 6-7）。將蛋打入攪拌盆中，加入糖、橘子泥、杏仁粉及泡打粉。攪拌均勻後，將麵糊倒入一直徑 22 公分的圓形烤模裡。

烘烤蛋糕約 1 小時。為測試蛋糕是否烘烤好，將一把刀子插入蛋糕中心，若取出時，刀面乾淨沒有沾黏蛋糕糊，就表示已經烘烤好。將蛋糕取出烤箱，靜置備用。

利用這段期間製作糖霜，把檸檬汁、檸檬皮屑及砂糖混合均勻。將糖霜淋在還熱熱的蛋糕上，使糖霜在蛋糕上變乾後形成漂亮的表面。

你也可以在蛋糕上裝飾玫瑰花瓣及開心果。

× 伊頓雜糕 ×
佐玫瑰、草莓、烤大黃
Eton mess à la rose,
fraise et rhubarbe rôtie

6 人份 / 10 分鐘準備時間 /
20 分鐘烹調時間 / 2 小時靜置時間

烤大黃能讓這道甜點更增風味,並能保留原來
的形狀。

250g 大黃	幾滴玫瑰水
2 湯匙細蔗糖	350㎖ 新鮮鮮奶油
2 湯匙新鮮柳橙汁	2 湯匙馬斯卡彭起司
200g 草莓	6 個蛋白霜(請參考第 33 頁食譜或使用現成食材)

烤箱預熱至 180 度(th. 6)。將大黃洗乾淨後,切成
約 4 公分長的段狀。將它們放在焗烤盤內,接著撒上
細蔗糖及柳橙汁。

烘烤約 20 分鐘,直到大黃變軟但不至於變形。

利用這段期間洗淨草莓,去蒂、切成片狀。將大黃自
烤箱取出,稍微冷卻後,將草莓放入烤盤中混合拌勻,
讓大黃的熱度及醬汁和草莓混合。再加入玫瑰水。如
果覺得水果太酸的話,可以多加一些細蔗糖。靜置冷
卻 2 小時。

**以手提打蛋器將馬斯卡彭起司及鮮奶油打發成香醍鮮
奶油**。將蛋白霜剝成塊狀,快速和水果混合均勻。全
部盛入杯中,淋上水果的汁液再擺上香醍鮮奶油,即
可享用。

× 帕芙洛娃佐百香果&芒果 ×

Pavlova aux fruits de la Passion et à la mangue

8～10 人份 / 10 分鐘準備時間 / 45 分鐘烹調時間

沒有什麼能比過百香果帶來的酸甜、清爽口感,芒果的怡人滋味更能匹配這道夢幻甜點!

蛋白霜

4 顆室溫蛋白

250g 細砂糖

1 茶匙白酒醋

½ 茶匙香草精

2 茶匙玉米粉

餡料

1 個熟成芒果

2 或 3 顆百香果

300㎖ 新鮮鮮奶油

3 湯匙馬斯卡彭起司

製作蛋白霜,烤箱預熱至 180 度(th. 6)。在攪拌盆內放入蛋白,以手提打蛋器打發,但別太紮實堅硬。接著慢慢分次拌入砂糖。

當糖完全溶解、蛋白霜變得光滑柔軟時,再加入醋、香草精和玉米粉,攪拌均勻。

將蛋白霜放入一個鋪好烘焙紙、有高度的圓形烤模裡或矽膠烤墊(可能比較方便使用)。烘烤 45 分鐘,烤好後將烤箱門打開,讓帕芙洛娃蛋糕完全冷卻。

製作餡料,將百香果切開,取出果肉。芒果去皮後,將果肉切丁。將鮮奶油倒入攪拌盆,以手提打蛋器打發成香醍鮮奶油。

享用時,將香醍鮮奶油鋪在蛋白霜上,再放上混合好的百香果肉及芒果丁。

蘋果奶酥佐楓糖漿、焦糖肉丁&月桂香草醬

Crumble aux pommes zirop d'érable, lardons caramélisés et crème anglaise au laurier

---

6 人份 / 20 分鐘準備時間 / 45 分鐘烹調時間

這些元素在一起真是絕配！我試過直接將肉丁放入奶酥的版本，但是成果並不是太美味。所以最後再把焦糖肉丁撒在奶酥上，口感更為柔軟美味。如果你沒有能直接放進烤箱的鑄鐵平底鍋，先將蘋果以一般平底鍋煮熟，奶酥則放入焗烤盤中製作。

焦糖蘋果

8 ～ 10 顆有酸度的蘋果
（視烤盤容量而定）

75g 無鹽奶油

2 湯匙細砂糖

3 湯匙楓糖漿

奶酥

225g 麵粉

100g 細砂糖

175g 冰的半鹽奶油

香草醬

200ml 全脂奶油

300ml 鮮奶油

1 根香草莢

1 片新鮮月桂葉

5 顆蛋黃

100g 細砂糖

焦糖肉丁

120g 五花肉丁

2 湯匙細砂糖

烤箱預熱至 180 度（th. 6）。製作焦糖蘋果，蘋果去皮切成四塊並去籽。在鑄鐵平底鍋中，放入奶油加熱融化，再放入切塊蘋果。煎煮 1 分鐘後，撒上糖。待糖稍微焦糖化後，倒入楓糖漿攪拌均勻。煎煮 2 分鐘後關火。

製作奶酥，將糖、麵粉及切丁奶油放入碗中，以手提打蛋器打成細屑狀。將奶酥鋪於蘋果上，放入烤箱烘烤約 45 分鐘。

利用這段期間製作香草醬，放入牛奶、鮮奶油、剖開的香草莢及月桂葉煮至沸騰。在一個大的攪拌盆中，放入蛋黃及糖打勻至顏色變白並份量呈雙倍，接著將鍋中的香草醬倒入，以木匙攪拌均勻。再將全部倒回鍋中，小火加熱直到奶醬變濃稠，期間不停用木匙攪拌。以木匙將奶醬舀起，用手指劃過木匙背面的奶醬，若留下一條被手指劃過的痕跡，就表示奶醬已經完成。關火後，倒入一個容器中放涼。暫時先不取出月桂葉及香草莢，待要享用時再取出即可。

享用奶酥前 10 分鐘，製作焦糖肉丁。加熱平底鍋放入肉丁，開始變色後，撒上糖。糖會因肉丁的脂肪而融化（好吃！），進而將肉丁全部焦糖化。

奶酥烤至表面上色後，取出烤箱。將焦糖肉丁撒在奶酥上面並搭配香草醬享用。如果你喜歡冷熱的衝突口感，也可以搭配一球香草冰淇淋。

蜜桃克拉芙緹佐牛奶雪酪&迷迭香糖

Clafoutis aux pêches de vigne
sorbet au lait ribot et sucre au romarin

6～8 人份 / 15 分鐘準備時間 / 45 分鐘烹調時間 / 1 小時製冰時間

關於這個食譜，我到處偷了些點子來：三星主廚艾瑞克．費雄（Éric Fréchon）的杏仁粉和美國朋友的白脫牛奶，來減輕身體負擔。我為這個甜點選擇了一些我特別喜歡的食材，帶來細緻口感且富有夏日香氣的水蜜桃及迷迭香。但是你也可以用其他水果來製作，例如覆盆子、杏桃、李子、藍莓、櫻桃等等。

克拉芙緹

100g 杏仁粉
6～8 顆水蜜桃（視大小而定）
1 根香草莢
2 顆蛋 + 2 顆蛋黃
100g 細砂糖
20g 玉米粉
150㎖ 白脫牛奶（請參考67頁編註）
150㎖ 全脂牛奶

白脫牛奶雪酪

75g 細砂糖
75㎖ 水
250㎖ 白脫牛奶
1 茶匙香草精

迷迭香糖

5 湯匙細砂糖
1 湯匙新鮮迷迭香

製作克拉芙緹，烤箱預熱至 180 度（th. 6）。在蛋糕烤模底部撒上杏仁粉。將水蜜桃放入裝有滾水的鍋中，幾分鐘後取出去皮，將每顆去核後切成四塊。然後將水蜜桃沾裹剩下的杏仁粉，再一個個擺入烤盤中。

將香草莢從中剖開，以刀子刮出香草籽。在食物調理機中放入所有蛋、蛋黃、糖、玉米粉打勻，直到它們變白呈光滑狀。再加入白脫牛奶、牛奶和香草籽。

將麵糊輕輕倒入烤模中的水蜜桃上，避免水蜜桃移動幅度太大。烘烤約 45 分鐘，直到克拉芙緹膨脹並充分上色。

利用這段期間製作雪酪。將糖和水放進鍋中加熱直到糖溶解，靜置冷卻。接著將白脫牛奶及糖將混合拌勻呈奶霜狀。加入香草精後，全部倒入製冰器的攪拌盆中，啟動製冰器。雪酪製作完成時，盡快享用。

製作迷迭香糖，以電動攪拌器攪勻砂糖及迷迭香。

待克拉芙緹烘烤完成，取出烤箱靜置冷卻。撒上迷迭香糖，搭配白脫牛奶雪酪一起享用。

柚香薑味鳳梨提拉米蘇

Tiramisu à l'ananas gingembre et yuzu, crème Chantilly

8 ～ 10 人份 / 30 分鐘準備時間 /
2 小時冷藏時間

在我們家裡，我們稱這道甜點《Beattie 的小玩意》（Beattie's thing），Beattie 是我親愛的阿姨，92 歲。這個甜點包含了 1970 年代愛爾蘭布丁的所有元素：香醍鮮奶油、帶點鹹味的餅乾碎屑、酸味水果、Flake 巧克力棒，這些只需要 30 分鐘製作！我的版本加入了柚子、薑及我親愛阿姨的熱情之吻。

約 350g 脆薑餅	1 湯匙柚子汁
50g 半鹽奶油	350㎖ 新鮮鮮奶油
400g 新鮮鳳梨（或是罐裝鳳梨）	2 湯匙馬斯卡彭起司
	2 湯匙糖粉
2 湯匙糖漬薑塊及糖漿	

以電動攪拌器將餅乾打成碎屑或把餅乾放入乾淨的布中，用擀麵棍碾成碎屑。

將奶油放入鍋中或以微波爐加熱融化，和餅乾碎屑混合拌勻。將混合好的餅乾放進入約寬 20 公分、長 28 公分的焗烤盤裡。均勻鋪平。將烤盤放入冰箱，使餅乾底部冷卻變硬。

將鳳梨去皮切成小方塊狀，與薑塊及糖漿、柚子汁一起拌勻。

在攪拌盆內，放入鮮奶油馬斯卡彭起司，以手提打蛋器打成香醍鮮奶油。加入糖粉，持續打發。

當餅乾底充分冷藏後，放上鳳梨丁，再鋪上香醍鮮奶油，靜置冷藏 1 或 2 小時，即可享用。

摺疊蘋果塔佐香料焦糖醬

Tarte pliée aux pommes, sauce épicée au caramel et aux pommes

8 人分 / 25 分鐘準備時間 / 1 小時冷藏時間 / 30 分鐘烹調時間

這份食譜不需使用烤模、盤子或任何餐具！以塔皮自體成形。將塔的邊緣往內折進塔裡，可充分烤熟、中心酥脆。搭配源自美國廚師巴比·福雷（Bobby Flay）的香料焦糖醬，你就得享這個美味簡單的甜點。

塔皮

150g 冰的半鹽奶油
250g 麵粉
2 湯匙細蔗糖
1 顆蛋

香料焦糖醬

250ml 鮮奶油
1 塊八角（八角茴香）
1 塊拇指大小的薑塊
4 根丁香
2 根肉桂
1 小撮磨碎的荳蔻
250g 細砂糖
100ml 水
1 湯匙蘋果利口酒（liqueur）
或卡爾瓦多斯（calvados）
125ml 蘋果汁

餡料

6 ～ 8 顆蘋果
3 湯匙細蔗糖
50g 無鹽奶油
1 顆蛋

製作塔皮，在攪拌盆中放入切丁奶油、麵粉及細蔗糖以手提打蛋器打勻呈沙狀。加入打好的蛋，再次拌勻，接著用手將麵團揉成球狀。用保鮮膜將麵團包起，靜置於冰箱至少 1 小時。製作前 15 分鐘，再記得拿出來。

利用這段時間準備香料焦糖醬。將鮮奶油和所有香料放入鍋中煮沸。關火後，靜置浸泡至少 15 分鐘入味。用濾網過濾鮮奶油，去除香料。

在一個底部寬大的鍋中放入水和糖加熱。加熱至沸騰，當糖溶化時轉小火慢煮至糖漿焦糖化。關火後，倒入香料鮮奶油（小心濺起水花！），以木匙攪拌均勻。當醬汁變得光滑，加入蘋果酒和蘋果汁，靜置備用。

烤箱預熱至180 度（th. 6）。蘋果去皮後切丁。將麵團擀成圓形後放在烘焙紙或矽膠烤墊上。

將蘋果放在塔皮上。撒上細蔗糖及奶油塊。將塔皮邊緣折起。以刷子將打好的蛋液刷上塔皮，烘烤約 30 分鐘，直到塔皮上色、蘋果變軟。

將蘋果塔自烤箱取出，搭配香料焦糖醬熱熱的吃或待降溫後享用，都十分美味。也可以搭配香草冰淇淋或諾曼第鮮奶油一起品嚐。

草莓西瓜檸檬草果汁

Soupe de fraises pastèque et citronnelle, crème fouettée

6 人份 / 15 分鐘準備時間

一個非常簡單但大家都會喜歡的飲品！盛夏時，以當季水果製作最美味。

200㎖ 新鮮鮮奶油	200g 西瓜
1 湯匙糖粉	2 根檸檬草
700g 美味新鮮的草莓（不要挑太酸的！）	

以手提打蛋器將鮮奶油打發成香醍鮮奶油。然後加入糖粉，繼續拌勻。

將草莓洗淨去蒂。西瓜去皮後，切成方塊狀。將檸檬草去除不要的部分並切段。然後將所有材料放入果汁機裡攪拌，直到呈現漂亮的果泥狀。

將果泥過篩，濾出檸檬草及西瓜籽。將果汁倒入杯子或小碗中，搭配打發的鮮奶油一起享用。

✕ 免烤蛋糕 ✕
佐栗子醬、蘋果 & 咖啡奶油

*Gâteau presque sans cuisson
à la crème de marron, pommes et café*

8～10 人份 / 40 分鐘準備時間 / 10 分鐘烹調時間 / 2 小時冷藏時間

一道不用開火（幾乎不用啦！）而且不會太甜的食譜。這個蛋糕就是討人喜歡！請確定你找到的餅乾是具有濃厚巧克力味的，不然，你必須在一開始的步驟中加入可可粉及奶油。

5 顆青蘋果
約 600g 巧克力餅乾
120g 融化的半鹽奶油
300㎖ 新鮮鮮奶油
2 湯匙馬斯卡彭起司
1 杯濃縮咖啡
1 或 2 湯匙糖粉
5 或 6 湯匙香草栗子醬

蘋果去皮，每個切成 4 塊並去籽。將蘋果放入鍋中，注入一點水，以中火慢煮約 10 分鐘。

當蘋果變軟後，取出以果汁機攪拌成果泥，然後靜置冷卻。

將餅乾碾成碎屑和奶油拌勻。將餅乾鋪平於底部可拆卸的烤模中。均勻壓平後，放入冰箱靜置 2 小時，使餅乾變硬。

以手提打蛋器將鮮奶油及馬斯卡彭起司打成香醍鮮奶油，再拌入咖啡及糖粉。

將烤模中的餅乾上抹一層栗子醬，再鋪上一層蘋果泥。最後用咖啡香醍鮮奶油裝飾，即可享用。

× 覆盆子蛋糕捲 ×
Roulé aux framboises

6 ～ 8 人份 / 15 分鐘準備時間 / 20 分鐘烹調時間 / 2 小時靜置時間

這個甜點需要一點操作技巧，但如果有些小裂痕，嗯……也是很可愛啦！

4 顆蛋白
225g 細砂糖
60g 杏仁片
350㎖ 新鮮鮮奶油
2 湯匙馬斯卡彭起司
2 湯匙檸檬蛋黃醬（請參考食譜 195 頁）
200g 新鮮覆盆子

烤箱預熱至 200 度（th. 6-7）。將烤盤鋪上烘焙紙或矽膠烤墊。

攪拌盆中放入蛋白，以手提打蛋器打發成霜，再將糖分 3 次加入，每次加入時，攪拌均勻。

當蛋白霜變得光滑紮實後，倒入長方形烤模裡鋪平。撒上杏仁片，烘烤約 15 ～ 20 分鐘，直到表面變硬上色。

將蛋白霜取出烤箱，並倒扣於一塊乾淨的布上。靜置約 10 分鐘後，取下烘焙紙或矽膠烤墊，然後靜置約 1 小時完全冷卻。

將鮮奶油及馬斯卡彭起司以手提打蛋器打發成香醍鮮奶油。

當蛋白霜蛋糕冷卻後，將一半抹上檸檬蛋黃醬，邊緣留 1.5 公分。再鋪上香醍鮮奶油、撒上覆盆子。小心地將蛋白霜捲起，不要太用力壓。靜置冷藏 1 小時後即可享用。

× 英式莓果杯 ×
謹獻給極度懶惰的饕客

Trifle au citron et aux myrtilles
pour les gourmands ultra-paresseux

8 ～ 10 人份 / 10 分鐘準備時間 / 1 小時冷藏時間

超級簡單的英式甜點杯，你只需要將所有材料放進一個又大又漂亮的透明杯子就完成了。

1 塊現成的磅蛋糕
100㎖ 黑醋栗酒
350㎖ 新鮮鮮奶油
2 湯匙馬斯卡彭起司
1 小罐藍莓果醬
500g 新鮮藍莓
1 顆檸檬皮屑（裝飾用）

檸檬蛋黃醬
4 顆檸檬汁及檸檬皮屑
200g 細砂糖
100g 無鹽奶油
3 顆蛋 +1 顆蛋黃

將磅蛋糕切片並浸在黑醋栗酒中。將鮮奶油及馬斯卡彭起司以手提打蛋器打成香醍鮮奶油。

製作檸檬蛋黃醬，在碗中倒入檸檬汁及檸檬皮屑、糖和切丁奶油。在鍋中煮熱水，維持微微沸騰的狀態，將製作蛋黃醬的碗放在熱水上隔水加熱。靜置在鍋中加熱，過程中稍微攪拌一下，並確認碗內沒有進水，加熱直到奶油完全融化。

輕輕將蛋及蛋黃打勻，倒入裝有奶油及糖的碗中。持續加熱，規律地輕輕攪拌，直到蛋黃醬變得濃稠，且會停留在木匙背面上的程度。

靜置蛋黃醬冷卻，期間不時攪拌。蓋上保鮮膜，為了防止表面產生氣孔。

製作甜點杯，在每片浸漬過的磅蛋糕，交替放上檸檬蛋黃醬、藍莓醬和新鮮藍莓。最後擺上香醍鮮奶油。

將甜點杯放進冰箱冷藏至少1小時。享用前，再將檸檬皮放上做為裝飾。

草莓薄片佐香料糖 ×

Carpaccio de fraises fraîches et sucre aux herbes aromatiques

---

4 人份 / 10 分鐘準備時間

我私藏的一道經典甜點。漂亮、輕盈、超級簡單。動手做吧！

300g 不過熟的草莓
4 湯匙細砂糖

幾片羅勒葉、薄荷葉或香菜葉（或是三種混合）
1 小塊檸檬皮

洗淨草莓，去蒂並切成薄片。將它們擺在盤上，像是展示高級生牛肉片一般的擺盤方式。

將剩下的材料放進果汁機裡攪拌均勻，直到它們變成綠色粉末。

享用前 10 分鐘，將綠色糖粉撒在草莓上漸漸溶化。糖會和草莓的汁液融合，非常美味。最後可以撒上新鮮的香草葉做為裝飾。

× 檸檬司康佐檸檬奶醬 ×

Scones au citron lait ribot et cassonade,
beurre crunchy au citron

約 8 個司康 / 10 分鐘準備時間 / 12 分鐘烹調時間

白脫牛奶為司康帶來輕盈感,而奶醬帶來更多層次的口感……

司康

225g 麵粉

75g 半鹽奶油

1 湯匙細蔗糖

1 顆蛋

3 湯匙白脫牛奶(請參考 67
頁編註)

½ 顆檸檬汁及檸檬皮屑

檸檬奶醬

150g 半鹽奶油

2 湯匙細砂糖

½ 顆檸檬汁及檸檬皮屑

製作司康,在攪拌盆內放入麵粉、奶油和細蔗糖,用手指拌勻,
直到麵團質地接近麵包屑狀。

在另一個容器內,將蛋和白脫牛奶攪拌均勻,再加入檸檬汁及皮
屑。將它們拌入麵團裡,以刮刀拌勻。當麵團均勻就停止攪拌,
改用手指揉捏。麵團應該變得柔軟不沾黏。若覺得麵團太乾,再
加入一點白脫牛奶。

將工作台撒上麵粉,以擀麵棍將麵團擀成 2.5 公分的厚片,不能
過薄!接著用餅乾模型,將麵團切割成 8 個圓形,放入已鋪好烘
焙紙或矽膠烤模的烤盤裡。

用刷子在司康表面刷上一點白脫牛奶,烘烤 10 ~ 12 分鐘,直到
它們上色膨脹。

製作檸檬奶醬,將奶油、糖、檸檬汁及檸檬皮屑放入果汁機裡攪
拌,直到呈柔滑狀。將檸檬奶醬搭配熱或溫的司康一起享用。

✕ 檸檬椰子奶酪 ✕

*Panna cotta
à la noix de coco
et au citron vert*

6 人份 / 20 分鐘準備時間 /
3 小時冷藏時間

加入一點椰奶使奶酪變得更細緻柔滑！

4 片吉利丁片	1 顆綠檸檬皮屑
250㎖ 鮮奶油	100g 細砂糖
250㎖ 椰奶	

將吉利丁片浸泡在冷水中約 5 分鐘還原。

在鍋中放入鮮奶油和椰奶，以中火加熱，但不要沸騰！關火後，再加入檸檬皮屑及糖，攪拌均勻。

接著瀝乾吉利丁片，加入熱奶醬裡。攪拌使其融化，靜置冷卻後，倒入玻璃杯或布蕾杯裡。

將奶酪放進冰箱冷藏至少 3 小時（最好是一整夜），讓奶酪成形。

為了使奶酪方便脫模，稍微加熱杯子或布蕾杯底部，然後將奶酪倒扣在盤子上。或是跳過這個步驟，直接在杯子或小碗裡享用。

× 葡萄柚蛋黃醬 ×
Curd au pamplemousse

400g 蛋黃醬 / 5 分鐘準備時間 /
10 分鐘烹調時間 / 2 小時冷藏時間

這是為了改造原本的檸檬蛋黃醬！這個改版口味將帶給你微微的澀味⋯⋯

250㎖ 新鮮紅葡萄柚汁	4 顆蛋 +3 顆蛋黃
（等於兩顆葡萄柚量）	70g 無鹽奶油
3 湯匙葡萄柚皮屑	

將葡萄柚汁放入鍋中煮沸，持續沸騰約 5 分鐘，讓葡萄汁量剩下原有的一半。靜置冷卻。

將葡萄柚皮屑及所有的蛋、蛋黃放入攪拌盆中。將攪拌盆放入裝有微微沸騰水的鍋中，隔水加熱攪拌 8 ～ 10 分鐘，直到它們變濃稠。

將攪拌盆離火，放入切丁奶油。在這個步驟，你可以將蛋黃醬過篩，篩出葡萄柚皮屑。但若你喜歡原始一點的滋味，也可以保留一點葡萄柚皮屑在蛋黃醬裡。蛋黃醬靜置冷卻後，放入冰箱冷藏至少 2 小時。

206

冰涼甜品

Glacé

241

× 冰淇淋反烤水果派 ×

Tatin aux bananes mangues et dattes, glace à la crème fraîche

---

6 人份 / 10 分鐘準備時間 /
25 分鐘烹調時間 / 1 小時糖漬時間

一道甜美的冬日甜點，微酸的冰淇淋滋味令人為之一振。

---

4 根熟成香蕉	3 片芒果乾
75g 半鹽奶油	1 張現成千層派皮
150g 細砂糖	
3 顆椰棗（建議選用	**冰淇淋**
Medjool 品種）	500g 法式酸奶油
	100g 細砂糖

烤箱預熱至 180 度（th. 6）。香蕉去皮。將奶油和糖放進有高度的烤模或可以進烤箱的平底鍋，以烤箱加熱融化。持續使其焦糖化 1 分鐘，然後將香蕉浸入，沾裹焦糖。

將椰棗切半並去核，放進裝有香蕉的焦糖鍋裡。將芒果乾也一起加入。

把千層派皮蓋在水果上，將多出來的酥皮往模型或鍋緣內部折。烘烤約 25 分鐘，直到酥皮充分膨脹上色。

這段期間，將糖和法式酸奶油混合均勻。倒入製冰器，啟動機器製冰。

將塔取出烤箱，靜置冷卻數分鐘（不要放太久）。把塔倒扣在有深度的盤子裡，為了能盛裝全部的焦糖。與剛做好的冰淇淋一起享用。

╳ 麥片餅乾冰淇淋塔 ╳
佐奶油糖淋醬

Tarte glacée aux cookies
de flocons d'avoine

8～10 人份 / 25 分鐘準備時間 /
1 小時冷藏時間 / 1 小時靜置時間

其實在料理中，尤其是甜點，不需要學到廚師
的技巧，創意組合就是你最忠誠的朋友。這個
食譜，你可以變化冰淇淋的口味，但是介於焦
糖、巧克力、香草、帕林內等等的範圍內選擇。

冰淇淋塔
2 包現成麥片餅乾（你喜歡
的話，可帶點巧克力豆在上
面的）或約 400g 自製餅乾
（請參考食譜 56 頁）
150g 無鹽奶油

2ℓ 現成冰淇淋（依個人喜
好挑選香草、帕林內等等
口味）

焦糖奶油淋醬
3 湯匙細砂糖
50g 半鹽奶油
100㎖ 鮮奶油

製作冰淇淋塔，將餅乾碾成碎屑，與奶油拌勻。

在模型底部鋪上奶油餅乾屑。放入冰箱冷藏約 1 小
時，使其變硬。

在餅乾底部上鋪冰淇淋，可以擺成一球一球狀，也可
用抹刀鋪平。

製作醬汁，在鍋中加熱砂糖，當糖開始焦糖化時，加
入奶油和事先加熱過的鮮奶油，攪拌均勻。

待醬汁完全冷卻（約 1 小時），享用前淋上冰淇淋塔
一起享用。

香煎香草鳳梨片佐芫荽檸檬冰淇淋 ×

Ananas poêlé à la vanille
glace au citron vert et à la coriandre

6 人份 / 1 小時準備時間 / 1 小時製冰時間 / 10 分鐘烹調時間

一道強調鳳梨的異國風味小點。

雪酪

250㎖ 水

225g+1 湯匙細砂糖

1 湯匙檸檬皮屑

約 2 湯匙新鮮芫荽葉

250㎖ 鮮榨綠檸檬汁

鳳梨

1 顆不過熟的鳳梨

1 根香草莢

1 顆核桃大小的奶油

特殊器具

製冰器

製作雪酪，鍋中放入水、225g 砂糖及檸檬皮屑。煮至沸騰，然後於室溫下靜置。

將芫荽葉剁碎，和一湯匙的砂糖混合均勻。加入前一步驟的鍋中，並加入檸檬汁。接著全部倒入製冰器的攪拌盆中，啟動機器製冰。

製作鳳梨，將鳳梨去皮。把鳳梨眼及較硬的、纖維多的鳳梨心去除，切成薄片。將香草莢從中剖開，以刀子刮出香草籽。

在平底鍋中（最好是鑄鐵鍋）加熱奶油。放入鳳梨片、香草莢及香草籽。讓鳳梨的汁液和奶油、香草籽慢慢煮至鳳梨上色。

待鳳梨軟化、邊緣微微焦糖化時，將鳳梨自鍋子取出，搭配雪酪和鍋中的醬汁一起享用。

蜜烤香蕉佐焦糖蘭姆酒、巧克力淋醬

Banana split grillé sauce caramel au rhum brun et sauce fudge au chocolat

---

4 人份 / 45 分鐘準備時間

這份食譜靈感來自美國無可匹敵的大廚艾默利．拉加西（Emeril Lagasse），一次體驗兩種不同的醬汁。你也可以簡單一點，直接嘗試沒有烤過的香蕉……

4 根較硬的香蕉
6 湯匙液狀蜂蜜
6 湯匙細蔗糖
4 球香草冰淇淋
3 湯匙烤過的花生
適量酒漬櫻桃
（marasquin 櫻桃酒）

巧克力醬汁

200㎖ 鮮奶油
溶於 1 湯匙熱水裡的 1 茶匙即溶咖啡（依個人喜好添加）
150 g 黑巧克力

焦糖蘭姆酒醬汁

200g 細砂糖
200㎖ 水
250㎖ 鮮奶油
80g 半鹽奶油
2 湯匙黑蘭姆酒

香醍鮮奶油

200㎖ 新鮮鮮奶油
2 湯匙馬斯卡彭起司

製作巧克力醬汁，在鍋中放入鮮奶油和咖啡加熱，倒入裝有剝成塊的黑巧克力攪拌盆裡。靜置數分鐘使其融化再拌勻。靜置備用（你可以將醬汁放入冰箱保存，享用前再稍微加熱）。

製作焦糖蘭姆酒醬汁，將水和砂糖放入鍋中加熱製作成焦糖。當焦糖上色時，倒入鮮奶油（小心濺起的水花！），再加入奶油攪拌均勻。如果醬汁裡還有結塊，繼續以小火加熱。最後加入蘭姆酒，靜置保存。

製作香醍鮮奶油，將鮮奶油和馬斯卡彭起司以手提打蛋器打勻成香醍鮮奶油。

預熱烤箱的烤架。將香蕉直剖兩半，放上鋪有烘焙紙的烤盤，淋上蜂蜜及細蔗糖。烘烤 3 ～ 5 分鐘，直到糖粒焦糖化。香蕉應該盡可能保有原來的形狀。將香蕉自烤箱取出，剝掉外皮。把香蕉分裝於 4 個盤中（一盤可裝 2 片），然後擺上 1 球香草冰淇淋。

香蕉搭配淋醬一起享用，撒上一些花生和香醍鮮奶油做裝飾。再加上一些櫻桃活潑的點綴。

× 檸檬冰盒蛋糕 ×
Ice box cake au citron

6 人份 / 30 分鐘準備時間 / 1 小時製冰時間
/ 5 分鐘烹調時間

這個食譜靈感來自於倫敦 Lockhart 餐廳裡的一
道甜點。

冰淇淋
400㎖ 新鮮鮮奶油
1 罐檸檬蛋黃醬（300 ～
400g，請參考食譜 195 頁）
1 顆檸檬汁及檸檬皮屑

蛋白霜
2 顆蛋白

80g 細砂糖

蛋糕底
6 塊消化餅乾（或是穀物
麥片餅乾）
30g 融化的無鹽奶油

特殊器材
製冰器

製作冰淇淋，在攪拌盆裡放入鮮奶油，以手提打蛋器
打發成香醍鮮奶油。拌入檸檬蛋黃醬、檸檬汁及檸檬
皮屑。全部倒入製冰器的攪拌盆中，啟動機器製冰。

接著製作蛋白霜，在攪拌盆內，放入蛋白以手提打蛋
器打發成霜。接著一點一點加入砂糖。繼續打勻 3 或
4 分鐘，直到蛋白霜變得紮實光滑。

將餅乾碾成碎屑，和奶油拌勻。分裝於 6 個小碗或布
蕾杯裡。在每個容器裡加入 1 球冰淇淋，再擺上蛋白
霜。將它們放入已預熱過的烤箱數秒，或用瓦斯噴槍
使蛋白霜焦糖化。盡快享用！

× 奶油曲型餅乾佐蜂蜜橙花優格冰淇淋 ×

Biscuits au beurre tordus yaourt glacé
au miel et à la fleur d'oranger

約 12 個餅乾 / 50 分鐘準備時間 / 10 分鐘烹調時間 / 1 小時製冰時間

一個源自希臘的食譜，搭配夏季水果沙拉和冬季柳橙沙拉都很完美。

餅乾

225g 室溫下無鹽奶油

150g 細砂糖

2 顆蛋

½ 茶匙香草精

½ 茶匙萃取杏仁精

275g 麵粉

冰淇淋

200㎖ 新鮮鮮奶油

500g 優格

5 湯匙液狀蜂蜜

½ 茶匙橙花水

特殊器材

製冰器

烤箱預熱至 200 度（th. 6-7）。將烤盤鋪上烘焙紙或矽膠烤墊。

在攪拌盆內放入奶油及糖，打發直到顏色變白呈慕斯狀。拌入一顆蛋，繼續打勻。然後加入香草精、杏仁精和麵粉。繼續攪拌均勻直到麵糊變柔滑。

將麵團分成一個一個茶匙長的小麵團，揉成長條狀，再彎曲成 S 形、辮子形或螺旋型。

將餅乾放在烤盤上，彼此間隔 3 公分的空間。用刷子將剩餘打好的蛋液刷在餅乾上，然後烘烤 10 分鐘，直到餅乾變硬、微微上色。取出烤箱後，靜置於涼架上冷卻。

這段期間製作冰淇淋，在攪拌盆中放入鮮奶油，以手提打蛋器打發成香醍鮮奶油，接著拌入其他所有材料，繼續拌勻。倒入製冰器的攪拌盆中，啟動機器製冰。

將餅乾搭配冰淇淋享用，也可以放上柳橙切片及開心果碎屑。

味噌薑味楓糖椰奶冰淇淋 ×

Glace au miso coco, sirop d'érable et gingembre

4～6 人份 / 25 分鐘準備時間 /
1 小時製冰時間

這個帶有新鮮異國風味的冰淇淋，讓人驚喜連連、美味無窮。

400㎖ 椰奶	100g 薑糖（帶有糖粒的）
150㎖ 楓糖漿	**特殊器材**
1～2 湯匙紅味噌	製冰器

將椰奶、楓糖及味噌倒入果汁機裡。攪拌均勻直到呈慕斯狀。

將攪拌好的椰奶醬放入製冰器的攪拌盆中，啟動機器製冰。

在冰淇淋快完成前幾分鐘，放入薑糖。繼續讓製冰器運轉幾秒鐘。

盡快享用冰淇淋 （這時吃總是最美味！）或是你想晚點品嚐的話，暫時先放進冷凍保存。

× 爆米花冰淇淋佐煙燻巧克力淋醬 ×
Glace au popcorn et sauce fumée au chocolat

6 人份 / 40 分鐘準備時間 / 1 小時浸泡時間 / 1 小時製冰時間

這個版本是我重新混搭的，源自一個我在倫敦 Barnyard 餐廳嘗過的驚人甜點。你可以在網路商店找到煙燻液。

冰淇淋
200㎖ 全脂牛奶
100g 焦糖爆米花
300㎖ 鮮奶油
4 顆蛋黃
100g 細砂糖
½ 茶匙香草精

煙燻巧克力醬汁
150㎖ 新鮮鮮奶油
200g 牛奶巧克力
1 湯匙鹹焦糖奶油（請參考食譜 22 頁）
幾滴煙燻液（帶給醬汁煙燻香氣的調味品，或用來醃製肉品。）

特殊器材
製冰器

製作冰淇淋，將牛奶放入鍋中煮至沸騰。然後放入爆米花（留一點以做裝飾），浸泡 1 小時。

接著將牛奶過濾到鍋中。再加入鮮奶油，攪拌加熱。

這段期間將蛋黃和砂糖放入攪拌盆中，打發至顏色變白、膨脹成雙倍。將熱的奶醬倒入用力攪拌，再倒回鍋中加熱，並用一木匙攪拌至奶醬變濃稠、可停留在木匙背面。

關火後，將奶醬立刻倒入另一個攪拌盆中，使其慢慢冷卻。加入香草精。完全冷卻後，放入冰箱冷藏。接著將奶醬倒入製冰器的攪拌盆中，啟動機器製冰。

製作巧克力醬，在鍋中加熱鮮奶油，再倒入裝有剁成塊的巧克力攪拌盆中。靜置 1 分鐘後，攪拌均勻，使巧克力融化。接著加入焦糖奶油和幾滴煙燻液，攪拌均勻。

將醬汁淋上冰淇淋，搭配裝飾的爆米花一起享用。

✕ 牛奶穀物冰淇淋 ✕
Glace aux céréales et au lait

6 人份 / 40 分鐘準備時間 / 1 小時製冰時間

向紐約 Momofuku 餐廳的偉大甜點師克里絲緹娜‧托西（Christina Tosi）致敬的食譜。

75g 焦糖口味穀粒麥片　　**特殊器材**
350㎖ 全脂牛奶　　　　　製冰器
2 湯匙細砂糖

將穀物麥片和牛奶倒入碗中，攪拌均勻，靜置讓穀物浸泡於牛奶中。（就像是我家小孩早餐沒吃完也不收拾餐桌！）

加入糖後，再全部倒入製冰器的攪拌盆中，啟動機器製冰。

當冰淇淋完成時，搭配新鮮的穀物麥片和第 221 頁的巧克力醬汁一起享用。

× 麵包冰淇淋 ×
（不用製冰器！）
Glace au pain brun (sans sorbetière)

6 人份 / 25 分鐘準備時間 / 4 小時冷凍時間

這個冰淇淋在愛爾蘭及英國小酒餐館菜單上，是道超級經典的甜點。搭配巧克力淋醬（請參考食譜 213 頁）也很絕配。

75g 全麥麵包屑
60g 紅糖
4 顆蛋
1 湯匙威士忌酒
300ml 新鮮鮮奶油
75g 砂糖

烤箱預熱至 200 度（th. 6-7）。

將麵包屑和紅糖混勻，鋪平於放有烘焙紙或矽膠烤墊的烤盤上。放在烤箱下層烤約 5 分鐘，直到麵包細屑呈褐色及焦糖化，但不要烤焦了！取出烤箱後，靜置冷卻。

將蛋白和蛋黃分離。蛋白放入攪拌盆，以手提打蛋器打發成霜。

在另一個攪拌盆內放入蛋黃及威士忌酒拌勻。接著倒入蛋白霜，輕輕混合均勻。

在第三個攪拌盆放入鮮奶油和砂糖，以手提打蛋器打成香醍鮮奶油。拌入前一個步驟的奶霜，再加入焦糖麵包屑。

全部倒入一個可密封的保鮮盒中，冷凍至少 4 小時，即可享用。

× 橄欖油冰淇淋 ×
Glace à l'huile d'olive

4～6 人份 / 15 分鐘準備時間 / 20 分鐘烹調時間 /
4 小時冷藏時間 / 1 小時製冰時間

超級時尚的夏日小甜點！搭配檸檬百里香餅乾更是完美。

200㎖ 全脂牛奶
100㎖ 新鮮鮮奶油
140g 細砂糖
5 顆蛋黃
150㎖ 冷壓初榨橄欖油
1 小撮鹽之花

特殊器材
製冰器

將牛奶及鮮奶油倒入鍋中，加熱至沸騰。

在攪拌盆內放入砂糖及蛋黃，打發至顏色變白、膨脹雙倍。

將熱奶醬倒入蛋液裡拌勻。再全部倒回鍋中，以中火加熱，一邊用木匙攪拌。當奶醬開始變濃稠，即可關火，靜置冷卻。再放入冰箱冷藏數小時。

將 1 小撮鹽之花和橄欖油倒入冰淇淋奶醬中拌勻。再全部一起放入製冰器的攪拌盆中，啟動機器製冰。

× 西洋梨荔枝清酒雪酪 ×

Sorbet de poire et litchi au saké

---

4 人份 / 30 分鐘準備時間 / 1 小時製冰時間

清酒為這個精緻雪酪帶來更豐富的感受。

3 顆西洋梨	150㎖ 清酒
1 罐荔枝罐頭（400g）	**特殊器材**
300㎖ 水	製冰器
150g 細砂糖	

將西洋梨去皮切成丁。瀝乾荔枝果肉。

鍋中放入水和砂糖混勻。將西洋梨放入鍋中煮至沸騰。大約煮 20 分鐘後，靜置充分冷卻。

瀝乾西洋梨丁，然後和一半的荔枝果肉、清酒，放入果汁機攪拌成果泥。將果泥和一點荔枝罐頭的果汁及烹調過的西洋梨湯汁調和拌勻（依個人喜好加入）。

將全部一起放入製冰器的攪拌盆中，啟動機器製冰。將製作好的雪酪搭配剩餘的荔枝一起享用。

佛手柑雪酪 ×

Sorbet à la bergamote

4～6 人份 / 30 分鐘準備時間 /
1 小時冷藏時間 / 1 小時製冰時間

如果你找不到佛手柑果汁，可以用新鮮檸檬汁
替代。

100g 細砂糖	**特殊器材**
150㎖ 水	製冰器
400㎖ 佛手柑果汁	

在鍋中放入砂糖和水，加熱使糖溶解。再將糖漿放入
冰箱冷藏至少 1 小時。

將佛手柑果汁和冰的糖漿混合均勻。倒入製冰器的攪
拌盆中，啟動機器製冰。

將完成的雪酪放於室溫下數分鐘後，即可享用。

× 內格羅尼雪酪 ×

Sorbet façon Negroni

4 人份 / 30 分鐘準備時間 / 1 小時製冰時間

靈感來自倫敦餐廳，有米其林星級的偉大廚師安潔拉·哈奈特（Angela Hartnett）的食譜。

125㎖ 水
150g 細砂糖
1顆西瓜（可取得約400㎖ 果汁的量）
250㎖ 柳橙汁
1 顆檸檬汁
100㎖ 紅苦酒（金巴利 Campari®）
50㎖ 琴酒

特殊器材
製冰器

在鍋中放入砂糖和水混合，加熱直到糖完全溶解。關火後，靜置一段時間，使糖漿冷卻，再放入冰箱冷藏。

西瓜去皮，果肉切成塊狀。盡可能去除西瓜籽，然後放入果汁機攪拌。過濾果汁。

將冰的糖漿與西瓜汁、柳橙汁、檸檬汁及酒混合均勻，再一起倒入製冰器的攪拌盆中，啟動機器製冰。

× 薄荷檸檬雪酪 ×
佐孜然辣椒巧克力
Sorbet menthe et citron vert
écorce de chocolat au cumin et au piment

6 人份 / 30 分鐘準備時間 / 1 小時製冰時間

一道輕盈又清新的甜點。搭配巧克力瓦片享用。

200g 細砂糖
275㎖ 水
100g 黑巧克力
½ 茶匙孜然粉
½ 茶匙辣椒粉
1 小把新鮮薄荷葉
5 顆黃檸檬汁及檸檬皮屑
5 顆綠檸檬汁及檸檬皮屑

特殊器材
製冰器

將糖和水放入鍋中拌勻，加熱至沸騰。以小火慢煮 5 分鐘。

這段期間，將巧克力放入微波爐加熱融化或隔水加熱融化（請參考食譜 **72** 頁）。將融化的巧克力鋪在烘焙紙上薄薄一層，輕輕撒上孜然粉及辣椒粉。放入冰箱冷藏，享用雪酪時再取出。

糖漿關火後放入薄荷葉浸泡。靜置 5 分鐘。接著取出薄荷葉。稍微冷卻後，倒入所有檸檬汁及皮屑。攪拌均勻，再放進冰箱冷藏直到糖漿完全冷卻。

將糖漿放入製冰器的攪拌盆中，啟動機器製冰。從冰箱取出巧克力薄片，將烘焙紙撕下，把巧克力分成數片，搭配剛做好的雪酪一起享用。

× 紅椒覆盆子雪酪佐胡椒、海鹽巧克力餅乾 ×

*Sorbet aux poivrons rouges et aux framboises
miettes de chocolat au poivre
de Sarawak et fleur de sel*

6 ～ 8 人份 / 45 分鐘準備時間 / 1 小時製冰時間 / 4 小時冷凍時間

500g 新鮮覆盆子

200g 紅椒或烤紅椒罐頭（保存瀝乾的最好）

120g 細砂糖

1 茶匙覆盆子醋

150g 黑巧克力

6 塊黑巧克力餅乾

50g 無鹽奶油

適量砂拉越胡椒（Poivre de Sarawak）

1 小撮鹽之花

特殊器材

製冰器

將覆盆子放入果汁機攪拌，再將果汁過篩。

將紅椒如前一步驟製作後，和覆盆子果汁、糖及醋混合均勻。

全部倒入製冰器的攪拌盆中，啟動機器製冰。接著將雪酪放進冷凍 3 ～ 4 小時。

巧克力隔水加熱融化或用微波爐加熱融化（請參考食譜 72 頁）。在烘焙紙上鋪平巧克力，做成輕薄的形狀。將巧克力放入冰箱冷藏，享用時再取出。

將餅乾碾成細屑並和奶油混合均勻。撒上一小撮新鮮胡椒和一小撮鹽之花，冷藏保存。

將甜點裝盤：1 球雪酪，撒上一些餅乾屑，再將巧克力薄片插在雪酪上，盡快享用。

讓冰沙慢慢融化，像喝奶昔一樣用吸管享用。

荔枝冰沙
Slush au litchi

---
2 人份 / 15 分鐘準備時間 / 4 小時冷凍時間
---

1 罐荔枝罐頭（400g）
150㎖ 罐頭裝椰奶
2 顆綠檸檬的檸檬汁
4 湯匙細砂糖
幾顆裝飾用新鮮荔枝

將所有食材放入果汁機裡，攪拌打勻成果泥。把果泥倒入可密封的保鮮盒裡，放入冷凍約 4 小時，直到果汁完全凝固。

將保鮮盒取出冰箱，把冰分成數塊，一一放入果汁機打成冰沙（呈現雪融化的狀態）。你喜歡的話也可以加入氣泡水（Perrier®）或荔枝果汁。

將冰沙裝入高腳杯，擺上新鮮荔枝裝飾，用吸管享用。

西瓜冰沙
Slush à la pastèque

---
2 人份 / 15 分鐘準備時間 / 4 小時冷凍時間

½ 顆西瓜
6 ～ 8 葉新鮮薄荷葉
4 湯匙細砂糖
3 顆綠檸檬汁
750㎖ 氣泡水（Perrier®）

將西瓜果肉切成塊狀，放入果汁機攪拌，如果可以的話，盡可能事先取出西瓜籽。將西瓜汁用篩網過濾。

再將西瓜汁和薄荷葉、砂糖、檸檬汁一起放入果汁機打勻。全部裝入可密封的保鮮盒裡，冷凍 4 小時，直到果汁凝固。

將保鮮盒取出冰箱，將冰分成數塊，一一放入果汁機打成冰沙（呈現雪融化的狀態）。放入高腳杯中加入氣泡水，用吸管享用。

× 阿芙佳朵冰淇淋 ×
Affogato

6～8 人份 / 3 分鐘準備時間

超有效率的甜點，適合在時尚午餐享用。如果你想在 Pinterest 網站上扮演一個時尚編輯的話，可以用小玻璃杯裝入甜酒，旁邊擺上冰淇淋杯，再將另一杯濃縮咖啡放在另一角來製造完美構圖。

6～8 球香草冰淇淋　　　酒 kahlua、貝禮詩香甜酒
3 杯濃縮咖啡　　　　　Baileys®、柑曼怡甜酒
適量利口酒（杏仁香甜酒、　Grand Marnier®）、威士
堤亞瑪麗亞咖啡香甜酒　忌、蘭姆酒或干邑白蘭地
Tia Maria®、卡魯哇咖啡

如果你想做這道甜點的話，需事先在冷凍庫備好幾球的香草冰淇淋。

為了使咖啡保持熱度，享用前再泡咖啡即可。於每個杯子或小碗中，放入一球冰淇淋，然後倒入一點熱咖啡。需要的話，淋上幾滴你喜歡的酒。

·食譜索引·
Index des recettes
（依字母排序）

A

Affogato / 阿芙佳朵冰淇淋   241

Ananas poêlé à la vanille, glace au citron vert et à la coriandre / 香煎香草鳳梨片佐芫荽檸檬冰淇淋   211

Angel cake / 天使蛋糕   147

B

Banana split grillé, sauce au caramel au rhum brun et sauce fudge au chocolat / 蜜烤香蕉佐焦糖蘭姆酒、巧克力淋醬   213

Banoffee / 香蕉太妃派   17

Banoffee au chocolat, glace rhum-raisins (sans sorbetière !), sauce fudge au chocolat / 巧克力太妃派佐巧克力醬、蘭姆葡萄冰淇淋（不用製冰器！）   76

Biscuits au beurre tordus, yaourt glacé au miel et à la fleur d'oranger / 奶油曲型餅乾佐蜂蜜橙花優格冰淇淋   217

Brioche perdue façon Cyril Lignac / 帥哥廚師里尼亞克的法式吐司   154

Brownies au shiro miso / 白味噌布朗尼   80

C

Cake aux dattes, bananes et miel, glaçage au whisky / 蜂蜜椰棗香蕉蛋糕佐威士忌糖霜   144

Caramel au lait (ou confiture de lait pour les Français !) / 焦糖牛奶醬   129

Carpaccio de fraises fraîches et sucre aux herbes aromatiques / 草莓薄片佐香料糖   196

Cheesecake au chocolat blanc et sirop d'érable au bourbon / 白巧克力起司蛋糕佐波本威士忌楓糖   107

Cheesecake au citron / 檸檬起司蛋糕   112

Chocolat-café liégeois / 巧克力列日咖啡   21

Clafoutis aux cerises / 櫻桃克拉芙緹   43

Clafoutis aux pêches de vigne, sorbet au lait ribot et sucre au romarin / 蜜桃克拉芙緹佐牛奶雪酪&迷迭香糖   183

Cookies au beurre de cacahuètes / 花生醬餅乾   55

Cookies aux flocons d'avoine / 燕麥餅乾   56

Cookies aux pépites de chocolat / 巧克力豆餅乾   52

Crème au caramel classique / 經典焦糖布丁   47

Crème au miso rouge / 紅味噌奶霜   167

Crème brûlée au safran, sorbet à l'orange sanguine, cookies au beurre noisette / 番紅花烤布蕾佐血橙雪酪、榛果餅乾   120

Crèmes au citron et biscuits au miel / 檸檬奶霜&蜂蜜餅乾   127

Crèmes Irish coffee / 鮮奶油愛爾蘭咖啡   123

Crêpes Suzette / 橙香可麗餅   149

Croissants perdus au caramel et au bourbon / 法式可頌吐司佐焦糖、波本威士忌   153

Crumble aux pommes, sirop d'érable, lardons caramélisés et crème anglaise au laurier / 蘋果奶酥佐楓糖漿、焦糖肉丁&月桂香草醬   180

Curd au pamplemousse / 葡萄柚蛋黃醬   203

D

Dacquoise au café, ganache au chocolat et praline aux noisettes / 咖啡達克瓦茲蛋糕   29

Dacquoise au moka / 摩卡達克瓦茲蛋糕   86

E

Eton mess à la rose, fraise et rhubarbe rôtie / 伊頓雜糕佐玫瑰、草莓、烤大黃 — **177**

F

Fairy cakes / 精靈蛋糕 — **167**

Financiers / 金磚蛋糕 — **48**

Fluffy pancakes à l'américaine / 美式鬆餅 — **150**

Fontainebleau / 楓丹白露 — **44**

Galette des rois au chocolat et crème d'amandes à la fève tonka / 巧克力香豆國王派 — **92**

G

Gâteau au café et aux noix glaçage à la crème au beurre / 核桃咖啡蛋糕佐奶油糖霜 — **139**

Gâteau au chocolat au lait ribot, sucre brun et fleur de sel / 白脫牛奶巧克力蛋糕 — **79**

Gâteau au chocolat, aux amandes et à l'huile d'olive / 杏仁巧克力蛋糕 — **100**

Gâteau au chocolat, glaçage au yuzu et au gingembre / 巧克力蛋糕佐薑片柚子糖霜 — **75**

Gâteau au citron et au cognac / 干邑檸檬蛋糕 — **168**

Gâteau aux barres chocolatées / 巧克力棒蛋糕 — **71**

Gâteau aux pignons de pin, amandes, citron et ricotta / 松子蛋糕佐杏仁、檸檬、瑞可塔起司 — **142**

Gâteau au yaourt, miel, eau de rose et pistaches / 開心果優格蛋糕佐玫瑰蜂蜜糖漿 — **136**

Gâteau de polenta au chocolat et à l'orange / 橙香玉米粥蛋糕 — **83**

Gâteau glacé au chocolat et au café, sauce fudge au chocolat / 咖啡巧克力冰淇淋蛋糕 — **90**

Gâteau intense au chocolat parfumé à la Guinness®, glaçage chocolat et fleur de sel / 健力士巧克力蛋糕佐鹽之花巧克力糖霜 — **63**

Gâteau presque sans cuisson à la crème de marron, pommes et café / 免烤蛋糕佐栗子醬、蘋果泥、咖啡奶油 — **191**

Gâteau roulé et glaçage au chocolat noir, chantilly au mascarpone / 巧克力糖霜蛋糕捲佐香緹馬斯卡彭奶油餡 — **64**

Gâteau succulent aux clémentines / 柑橘蛋糕 — **174**

Gaufres au chocolat, crème Chantilly et sauce caramel à la Guinness® / 巧克力鬆餅佐香醍鮮奶油&健力士焦糖醬 — **99**

Gaufres au lait ribot à l'américaine / 美式白脫牛奶鬆餅 — **156**

Gaufres belges / 比利時鬆餅 — **156**

Génoise chocolat et poire, tout fait maison, pour les meilleurs pâtissiers / 西洋梨巧克力海綿蛋糕完全自製、獻給最棒的甜點師們 — **95**

Glace à l'huile d'olive / 橄欖油冰淇淋 — **226**

Glace au miso, coco, sirop d'érable et gingembre / 味噌薑味楓糖椰奶冰淇淋 — **218**

Glace au pain brun (sans sorbetière) / 麵包冰淇淋（不需製冰器） — **225**

Glace au popcorn et sauce fumée au chocolat / 爆米花冰淇淋佐煙燻巧克力淋醬 — **221**

Glace aux céréales et au lait / 牛奶穀物冰淇淋 — **222**

Guinness® brownies / 健力士布朗尼 — **68**

I

Ice box cake au citron / 檸檬冰盒蛋糕　214

Îles flottantes / 漂浮之島　26

L

le carrot cake / 紅蘿蔔蛋糕　133

L'ultime fudge cake au chocolat, glaçage au cream cheese / 巧克力蛋糕佐奶油起司糖霜　67

M

Madeleines / 瑪德蓮蛋糕　51

Matchamisu / 抹茶提拉米蘇　116

Minibouchées mont-blanc / 迷你一口蒙布朗　33

Minichoux au caramel à tremper dans leur crème au mascarpone / 焦糖迷你泡芙佐馬斯卡彭奶霜　165

Mousse au chocolat au lait et caramel au beurre salé / 焦糖牛奶巧克力慕斯　22

Muffins au chocolat noir, glaçage au cream cheese et cacahuètes caramélisées / 巧克力瑪芬 佐奶油起司糖霜&焦糖花生豆　96

P

Pain perdu à la marmelade et au whisky / 法式吐司佐果醬&威士忌　158

Pain perdu au beurre de cacahuètes et à la gelée / 法式吐司佐花生醬&果凍　161

Panna cotta à la noix de coco et au citron vert / 檸檬椰子奶酪　200

Panna cotta au thé matcha, sauce au chocolat au lait / 抹茶奶酪佐牛奶巧克力淋醬　119

Panna cotta aux fruits de la Passion / 百香果奶酪　124

Pavlova / 莓果帕芙洛娃　18

Pavlova aux fruits de la Passion et à la mangue / 帕芙洛娃佐百香果&芒果　179

Gâteau au chocolat, aux amandes et à l'huile d'olive / 杏仁巧克力蛋糕　100

Pudding caramélisé aux dattes / 焦糖椰棗布丁　135

R

Riz au lait à la vanille, pruneaux à l'armagnac / 香草米布丁佐雅馬邑白蘭地漬李　108

Riz au lait au caramel de L'Ami Jean / 焦糖米布丁　25

Roulé aux framboises / 覆盆子蛋糕捲　192

S

Scones au citron, lait ribot et cassonade, beurre crunchy au citron / 檸檬司康 佐白脫牛奶和紅糖、檸檬奶醬　199

Shortbread thins à la vanille / 香草奶油酥餅　59

Shortcake aux mûres et aux pommes / 黑莓蘋果蛋糕　173

Slush à la pastèque / 西瓜冰沙　238

Slush au litchi / 荔枝冰沙　238

Sorbet à la bergamote / 佛手柑雪酪　230

Sorbet aux poivrons rouges et aux framboises, chocolat, miettes de chocolat au poivre de Sarawak et fleur de sel / 紅椒覆盆子雪酪佐胡椒、海鹽巧克力餅乾　236

Sorbet de poire et litchi au saké / 西洋梨荔枝清酒雪酪　229

Sorbet menthe et citron vert, écorce de chocolat au cumin et piment / 薄荷檸檬雪酪佐孜然辣椒巧克力　235

Sorbet façon Negroni / 內格羅尼雪酪　232

Soupe de fraises, pastèque et citronnelle, crème fouettée / 草莓西瓜檸檬草果汁　188

Syllabub de Noël, compote de kumquats et d'airelles / 聖誕甜酒奶凍　111

T

Tarte amandine aux poires / 洋梨杏仁塔　40

Tarte au chocolat, beurre de cacahuètes et biscuits Oreo® / 巧克力塔佐花生醬、奧利歐餅乾　72

Tarte au chocolat noir / 巧克力塔　37

Tarte au citron / 檸檬塔　38

Tarte aux s'mores / 棉花糖塔　84

Tarte glacée aux cookies de flocons d'avoine, sauce au butterscotch / 麥片餅乾冰淇淋塔佐奶油糖淋醬　208

Tarte pliée aux pommes, sauce épicée au caramel et aux pommes / 摺疊蘋果塔佐香料焦糖醬　187

Tarte Tatin et crème fraîche au calvados / 反烤蘋果塔佐卡爾瓦多斯酸奶油　34

Tatin aux bananes, mangues et dattes, glace à la crème fraîche / 冰淇淋反烤水果派　207

Tiramisu à l'ananas, gingembre et yuzu, crème Chantilly / 柚香薑味鳳梨提拉米蘇　184

Traybake sans cuisson aux figues, dattes et noix de pécan, ganache au chocolat et au café / 乾果、咖啡巧克力甘納許免烤蛋糕　89

Tres leches cake / 三奶蛋糕　162

Trifle au citron et aux myrtilles pour les gourmands ultra-paresseux / 謹獻給極度懶惰的饕客：英式莓果杯　195

Génoise chocolat et poire, tout fait maison, pour les meilleurs pâtissiers / 西洋梨巧克力海綿蛋糕 完全自製、獻給最棒的甜點師們　95

Truffes de cookies Oreo® et cream cheese, milk-shake au moka / 奧利歐松露球佐摩卡奶昔　103

V

Vacherin / 冰淇淋夾心蛋糕　30

Victoria sponge cake / 維多利亞海綿蛋糕　141

Y

Yaourt grec à la cannelle, coriandre, vergeoise et chocolat / 肉桂希臘優格佐香菜紅糖巧克力　115

·食材索引·
Index des ingrédients
（依字母排序）

Airelles / 越橘
Syllabub de Noël, compote de kumquats et d'airelles / 聖誕甜酒奶凍 **111**

Amandes entières / 杏仁
Gâteau aux pignons de pin, amandes, citron et ricotta / 松子蛋糕佐杏仁、檸檬、瑞可塔起司 **142**

Amandes effilées / 杏仁片
Îles flottantes / 漂浮之島 **26**

Roulé aux framboises / 覆盆子蛋糕捲 **192**

Amaro rouge / 紅苦酒
Sorbet façon Negroni / 內格羅尼雪酪 **232**

Ananas / 鳳梨
Ananas poêlé à la vanille, glace au citron ert et à la coriandre / 香煎香草鳳梨片佐芫荽檸檬冰淇淋 **211**

Tiramisu à l'ananas, gingembre et yuzu, crème Chantilly / 柚香薑味鳳梨提拉米蘇 **184**

Armagnac / 雅馬邑白蘭地
Riz au lait à la vanille, pruneaux à l'armagnac / 香草米布丁佐雅馬邑白蘭地漬李 **108**

Banane / 香蕉
Banana split grillé, sauce au caramel au rhum brun et sauce fudge au chocolat / 蜜烤香蕉佐焦糖蘭姆酒、巧克力淋醬 **213**

Banoffee / 香蕉太妃派 **17**

Banoffee au chocolat, glace rhum-raisin (sans sorbetière !), sauce fudge au chocolat / 巧克力太妃派佐巧克力醬、蘭姆葡萄冰淇淋（不用製冰器！） **76**

Cake aux dattes, bananes et miel, glaçage au whisky / 蜂蜜椰棗香蕉蛋糕佐威士忌糖霜 **144**

Tatin aux bananes, mangues et dattes, glace à la crème fraîche / 冰淇淋反烤水果派 **207**

Barres chocolatées / 巧克力棒
Gâteau aux barres chocolatées / 巧克力棒蛋糕 **71**

Basilic / 羅勒
Carpaccio de fraises fraîches et sucre aux herbes aromatiques / 草莓薄片佐香料糖 **196**

Bergamote / 佛手柑
Sorbet à la bergamote / 佛手柑雪酪 **230**

Beurre de cacahuètes / 花生醬
Cookies au beurre de cacahuètes / 花生醬餅乾 **55**

Pain perdu au beurre de cacahuètes et à la gelée / 法式吐司佐花生醬&果凍 **161**

Tarte au chocolat, beurre de cacahuètes et biscuits Oreo® / 巧克力塔佐花生醬、奧利歐餅乾 **72**

Biscuits à la cuiller / 手指餅乾
Matchamisu / 抹茶提拉米蘇 **116**

Biscuits Digestive / 消化餅乾
Banoffee / 香蕉太妃派 **17**

Banoffee au chocolat, glace rhum-raisin (sans sorbetière !), sauce fudge au chocolat / 巧克力太妃派佐巧克力醬、蘭姆葡萄冰淇淋（不用製冰器！） **76**

Cheesecake au chocolat blanc et sirop d'érable au bourbon / 白巧克力起司蛋糕佐波本威士忌楓糖 **107**

Cheesecake au citron / 檸檬起司蛋糕 **112**

Crèmes au citron et biscuits au miel / 檸檬奶霜&蜂蜜餅乾 **127**

Ice box cake au citron / 檸檬冰盒蛋糕 **214**

Tarte aux s'mores / 棉花糖塔 **84**

Traybake sans cuisson aux figues, dattes et noix de pécan, ganache au chocolat et au café / 乾果、咖啡巧克力甘納許免烤蛋糕 **89**

Biscuits Ginger Nuts / 薑餅
Tiramisu à l'ananas, gingembre et yuzu, crème Chantilly / 柚香薑味鳳梨提拉米蘇 **184**

Biscuits Oreo® / 奧利歐餅乾
Tarte au chocolat, beurre de cacahuètes et biscuits Oreo® / 巧克力塔佐花生醬、奧利歐餅乾 **72**

Truffes de cookies Oreo® et cream cheese, milk-shake au moka / 奧利歐松露球佐摩卡奶昔 **103**

Bourbon / 波本威士忌
Cake aux dattes, bananes et miel, glaçage au whisky / 蜂蜜椰棗香蕉蛋糕佐威士忌糖霜 **144**

Cheesecake au chocolat blanc et sirop d'érable au bourbon / 白巧克力起司蛋糕佐波本威士忌楓糖 **107**

Croissants perdus au caramel et au bourbon / 法式可頌吐司佐焦糖、波本威士忌 **153**

Brioche / 布里歐許
Brioche perdue façon Cyril Lignac / 帥哥廚師布里尼亞克的法式吐司 **154**

Cacahuètes / 花生
Banana split grillé, sauce au caramel au rhum brun et sauce fudge au chocolat / 蜜烤香蕉佐焦糖蘭姆酒、巧克力淋醬 **213**

Muffins au chocolat noir, glaçage au cream cheese et cacahuètes caramélisées / 巧克力瑪芬 佐奶油起司糖霜&焦糖花生豆 **96**

Cacao / 可可粉
Banoffee au chocolat, glace rhum-raisin (sans sorbetière !), sauce fudge au chocolat / 巧克力太妃派佐巧克力醬、蘭姆葡萄冰淇淋（不用製冰器！） **76**

Brownies au shiro miso / 白味噌布朗尼 **80**

Dacquoise au moka / 摩卡達克瓦茲蛋糕 **86**

Fairy cakes / 精靈蛋糕 **167**

Gâteau au chocolat au lait ribot, sucre brun et fleur de sel / 白脫牛奶巧克力蛋糕 **79**

Gâteau au chocolat, glaçage au yuzu et au gingembre / 巧克力蛋糕佐薑片柚子糖霜 **75**

Gâteau glacé au chocolat et au café, sauce fudge au chocolat / 咖啡巧克力冰淇淋蛋糕 **90**

Gâteau intense au chocolat parfumé à la Guinness®, glaçage chocolat et fleur de sel / 健力士巧克力蛋糕佐鹽之花巧克力糖霜 **63**

Gâteau roulé et glaçage au chocolat noir, chantilly au mascarpone / 巧克力糖霜蛋糕捲佐香緹馬斯卡彭奶油餡　64

Gaufres au chocolat, crème Chantilly et sauce caramel à la Guinness® / 巧克力鬆餅佐香醍鮮奶油&健力士焦糖醬　99

Guinness® brownies / 健力士布朗尼　68

L'ultime fudge cake au chocolat, glaçage au cream cheese / 巧克力蛋糕佐奶油起司糖霜　67

Muffins au chocolat noir, glaçage au cream cheese et cacahuètes caramélisées / 巧克力瑪芬 佐奶油起司糖霜&焦糖花生豆　96

Traybake sans cuisson aux figues, dattes et noix de pécan, ganache au chocolat et au café / 乾果、咖啡巧克力甘納許免烤蛋糕　89

Café / 咖啡

Affogato / 阿芙佳朵冰淇淋　241

Banana split grillé, sauce au caramel au rhum brun et sauce fudge au chocolat / 蜜烤香蕉佐焦糖蘭姆酒、巧克力淋醬　213

Chocolat-café liégeois / 巧克力列日咖啡　21

Crèmes Irish coffee / 鮮奶油愛爾蘭咖啡　123

Dacquoise au café, ganache au chocolat et praline aux noisettes / 咖啡達克瓦茲蛋糕　29

Dacquoise au moka / 摩卡達克瓦茲蛋糕　86

Gâteau au café et aux noix, glaçage à la crème au beurre / 核桃咖啡蛋糕佐奶油糖霜　139

Gâteau glacé au chocolat et au café, sauce fudge au chocolat / 咖啡巧克力冰淇淋蛋糕　90

Gâteau presque sans cuisson à la crème de marron, pommes et café / 免烤蛋糕佐栗子醬、蘋果泥&咖啡奶油　191

Génoise chocolat et poire, tout fait maison, pour les meilleurs pâtissiers / 西洋梨巧克力海綿蛋糕 完全自製、獻給最棒的甜點師們　95

Traybake sans cuisson aux figues, dattes et noix de pécan, ganache au chocolat et au café / 乾果、咖啡巧克力甘納許免烤蛋糕　89

Calvados / 卡爾瓦多斯蘋果白蘭地

Riz au lait à la vanille, pruneaux à l'armagnac / 香草米布丁佐雅馬邑白蘭地漬李　108

Tarte pliée aux pommes, sauce épicée au caramel et aux pommes / 摺疊蘋果塔佐香料焦糖醬　187

Tarte Tatin et crème fraîche au calvados / 反烤蘋果塔佐卡爾瓦多斯酸奶油　34

Cannelle / 肉桂

Gaufres au lait ribot à l'américaine / 美式白脫牛奶鬆餅　156

Yaourt grec à la cannelle, coriandre, vergeoise et chocolat / 肉桂希臘優格佐香菜紅糖巧克力　115

Caramel au beurre salé ou confiture de lait / 鹹味焦糖奶油醬或焦糖牛奶醬

Banoffee / 香蕉太妃派　17

Banoffee au chocolat, glace rhum-raisins (sans sorbetière !), sauce fudge au chocolat / 巧克力太妃派佐巧克力醬、蘭姆葡萄冰淇淋（不用製冰器！）　76

Brioche perdue façon Cyril Lignac / 帥哥廚師里尼亞克的法式吐司　154

Glace au popcorn et sauce fumée au chocolat / 爆米花冰淇淋佐煙燻巧克力淋醬　221

Riz au lait au caramel de L'Ami Jean / 焦糖米布丁　25

Carotte / 紅蘿蔔

LE carrot cake / 紅蘿蔔蛋糕　133

Céréales (grains de blé soufflés) Glace au popcorn et sauce fumée au chocolat / 爆米花冰淇淋佐煙燻巧克力淋醬　221

Cerises / 櫻桃

Banana split grillé, sauce au caramel au rhum brun et sauce fudge / 蜜烤香蕉佐焦糖蘭姆酒、巧克力淋醬　213

Clafoutis aux cerises / 櫻桃克拉芙緹　43

Tres leches cake / 三奶蛋糕　162

Chocolat au lait Glace au popcorn et sauce fumée au chocolat / 爆米花冰淇淋佐煙燻巧克力淋醬　221

Mousse au chocolat au lait et caramel au beurre salé / 焦糖牛奶巧克力慕斯　22

Panna cotta au thé matcha, sauce au chocolat au lait / 抹茶奶酪佐牛奶巧克力淋醬　119

Chocolat blanc / 白巧克力

Cheesecake au chocolat blanc et sirop d'érable au bourbon / 白巧克力起司蛋糕佐波本威士忌楓糖　107

Chocolat noir / 黑巧克力

Banana split grillé, sauce au caramel au rhum brun et sauce fudge / 蜜烤香蕉佐焦糖蘭姆酒、巧克力淋醬　213

Banoffee au chocolat, glace rhum-raisin (sans sorbetière !), sauce fudge au chocolat / 巧克力太妃派佐巧克力醬、蘭姆葡萄冰淇淋（不用製冰器！）　76

Brownies au shiro miso / 白味噌布朗尼　80

Chocolat-café liégeois / 巧克力列日咖啡　21

Cookies aux pépites de chocolat / 巧克力豆餅乾　52

Cookies aux flocons d'avoine / 燕麥餅乾　56

Dacquoise au café, ganache au chocolat et praline aux noisettes / 咖啡達克瓦茲蛋糕　29

Dacquoise au moka / 摩卡達克瓦茲蛋糕　86

Galette des rois au chocolat et crème d'amandes à la fève tonka / 巧克力香豆國王派　92

Gâteau de polenta au chocolat et à l'orange / 橙香玉米粥蛋糕　83

Gâteau glacé au chocolat et au café, sauce fudge au chocolat / 咖啡巧克力冰淇淋蛋糕　90

Gâteau intense au chocolat parfumé à la Guinness®, glaçage chocolat et fleur de sel / 健力士巧克力蛋糕佐鹽之花巧克力糖霜　63

Gâteau roulé et glaçage au chocolat noir, chantilly au mascarpone / 巧克力糖霜蛋糕捲佐香緹馬斯卡彭奶油餡　64

Gaufres au chocolat, crème Chantilly et sauce caramel à la Guinness® / 巧克力鬆餅佐香醍鮮奶油&健力士焦糖醬　99

Génoise chocolat et poire, tout fait maison, pour les meilleurs pâtissiers / 西洋梨巧克力海綿蛋糕 完全自製、獻給最棒的甜點師們　95

Guinness® brownies / 健力士布朗尼　68

Îles flottantes / 漂浮之島　26

L'ultime fudge cake au chocolat, glaçage au cream cheese / 巧克力蛋糕佐奶油起司糖霜　67

Sorbet aux poivrons rouges et aux framboises, chocolat, miettes de chocolat au poivre de Sarawak et fleur de sel / 紅椒覆盆了雪酪佐胡椒、海鹽巧克力餅乾　236

Sorbet menthe et citron vert, écorce de chocolat au cumin et piment / 薄荷檸檬雪酪佐孜然辣椒巧克力　235

Tarte au chocolat, beurre de cacahuètes et biscuits Oreo® / 巧克力塔佐花生醬、奧利歐餅乾　72

Tarte au chocolat noir / 巧克力塔　37

Tarte aux s'mores / 棉花糖塔　84

Traybake sans cuisson aux figues, dattes et noix de pécan, ganache au chocolat et au café / 乾果、咖啡巧克力甘納許免烤蛋糕　89

Truffes de cookies Oreo® et cream cheese, milk-shake au moka / 奧利歐松露球佐摩卡奶昔　**103**

Citron jaune / 黃檸檬
Angel cake / 天使蛋糕　**147**

Cheesecake au citron / 檸檬起司蛋糕　**112**

Crème au miso rouge / 紅味噌奶霜　**167**

Crèmes au citron et biscuits au miel / 檸檬奶霜&蜂蜜餅乾　**127**

Crêpes Suzette / 橙香可麗餅　**149**

Gâteau au citron et au cognac / 干邑檸檬蛋糕　**168**

Gâteau aux pignons de pin, amandes, citron et ricotta / 松子蛋糕佐杏仁、檸檬、瑞可塔起司　**142**

Gâteau succulent aux clémentines / 柑橘蛋糕　**174**

Ice box cake au citron / 檸檬冰盒蛋糕　**214**

Madeleines / 瑪德蓮蛋糕　**51**

Scones au citron, lait ribot et cassonade, beurre crunchy au citron / 檸檬司康佐檸檬奶醬　**199**

Shortbread thins à la vanille / 香草奶油酥餅　**59**

Sorbet menthe et citron vert, écorce de chocolat au cumin et piment / 薄荷檸檬雪酪佐孜然辣椒巧克力　**235**

Sorbet façon Negroni / 內格羅尼雪酪　**232**

Syllabub de Noël, compote de kumquats et d'airelles / 聖誕甜酒奶凍　**111**

Tarte au citron / 檸檬塔　**38**

Trifle au citron et aux myrtilles pour les gourmands ultra-paresseux / 謹獻給極度懶惰的饕客：英式莓果杯　**195**

Citron vert / 綠檸檬
Ananas poêlé à la vanille, glace au citron vert et à la coriandre / 香煎香草鳳梨片佐芫荽檸檬冰淇淋　**211**

Carpaccio de fraises fraîches et sucre aux herbes aromatiques / 草莓薄片佐香料糖　**196**

Gâteau au yaourt, miel, eau de rose et pistaches / 開心果優格蛋糕佐玫瑰蜂蜜糖漿　**136**

Panna cotta à la noix de coco et au citron vert / 檸檬椰子奶酪　**200**

Slush à la pastèque / 西瓜冰沙　**238**

Slush au litchi / 荔枝冰沙　**238**

Sorbet menthe et citron vert, écorce de chocolat au cumin et piment / 薄荷檸檬雪酪佐孜然辣椒巧克力　**235**

Citronnelle / 檸檬草
Soupe de fraises, pastèque et citronnelle, crème fouettée / 草莓西瓜檸檬草果汁　**188**

Clémentines / 小柑橘
Gâteau succulent aux clémentines / 柑橘蛋糕　**174**

Cognac / 干邑白蘭地
Affogato / 阿芙佳朵冰淇淋　**241**

Dacquoise au moka / 摩卡達克瓦茲蛋糕　**86**

Gâteau au citron et au cognac / 干邑檸檬蛋糕　**168**

Riz au lait à la vanille, pruneaux à l'armagnac / 香香草米布丁佐雅馬邑白蘭地漬李　**108**

Truffes de cookies Oreo® et cream cheese, milk-shake au moka / 奧利歐松露球佐摩卡奶昔　**103**

Cointreau / 君度橙酒
Crêpes Suzette / 橙香可麗餅　**149**

Syllabub de Noël, compote de kumquats et d'airelles / 聖誕甜酒奶凍　**111**

Confiture de framboises / 覆盆子果醬
Victoria sponge cake / 維多利亞海綿蛋糕　**141**

Confiture de myrtilles / 藍莓果醬
Trifle au citron et aux myrtilles pour les gourmands ultra-paresseux / 謹獻給極度懶惰的饕客：英式莓果杯　**195**

Cookies au chocolat / 巧克力餅乾
Gâteau presque sans cuisson aux marrons glacés, pommes et café / 免烤蛋糕佐栗子醬、蘋果泥&咖啡奶油　**191**

Sorbet aux poivrons rouges et aux framboises, chocolat, miettes de chocolat au poivre de Sarawak et fleur de sel / 紅椒覆盆子雪酪佐胡椒、海鹽巧克力餅乾　**236**

Cookies de flocons d'avoine / 麥片餅乾
Tarte glacée aux cookies de flocons d'avoine, sauce au butterscotch / 麥片餅乾冰淇淋塔佐奶油糖淋醬　**208**

Coriandre / 芫荽
Ananas poêlé à la vanille, glace au citron vert et à la coriandre / 香煎香草鳳梨片佐芫荽檸檬冰淇淋　**211**

Carpaccio de fraises fraîches et sucre aux herbes aromatiques / 草莓薄片佐香料糖　**196**

Yaourt grec à la cannelle, coriandre, vergeoise et chocolat / 肉桂希臘優格佐香菜紅糖巧克力　**115**

Cream cheese / 奶油起司
Cheesecake au chocolat blanc et sirop d'érable au bourbon / 白巧克力起司蛋糕佐波本威士忌楓糖　**107**

Cheesecake au citron / 檸檬起司蛋糕　**112**

Gâteau au café et aux noix, glaçage à la crème au beurre / 核桃咖啡蛋糕佐奶油糖霜　**139**

LE carrot cake / 紅蘿蔔蛋糕　**133**

L'ultime fudge cake au chocolat, glaçage au cream cheese / 巧克力蛋糕佐奶油起司糖霜　**67**

Muffins au chocolat noir, glaçage au cream cheese et cacahuètes caramélisées / 巧克力瑪芬 佐奶油起司糖霜&焦糖花生豆　**96**

Truffes de cookies Oreo® et cream cheese, milk-shake au moka / 奧利歐松露球佐摩卡奶昔　**103**

Crème anglaise / 英式香草醬
Riz au lait au caramel de L'Ami Jean / 焦糖米布丁　**25**

Crème de cassis / 黑醋栗酒
Trifle au citron et aux myrtilles pour les gourmands ultra-paresseux / 謹獻給極度懶惰的饕客：英式莓果杯　**195**

Crème de marron / 栗子醬
Gâteau presque sans cuisson à la crème de marron, pommes et café / 免烤蛋糕佐栗子醬、蘋果泥&咖啡奶油　**191**

Minibouchées mont-blanc / 迷你一口蒙布朗　**33**

Croissants / 可頌
Croissants perdus au caramel et au bourbon / 法式可頌吐司佐焦糖、波本威士忌　**153**

Cumin / 孜然
Sorbet menthe et citron vert, écorce de chocolat au cumin et piment / 薄荷檸檬雪酪佐孜然辣椒巧克力　**235**

Dattes / 椰棗
Cake aux dattes, bananes et miel, glaçage au whisky / 蜂蜜椰棗香蕉蛋糕佐威士忌糖霜　**144**

Pudding caramélisé aux dattes / 焦糖椰棗布丁　**135**

Tatin aux bananes, mangues et dattes, glace à la crème fraîche / 冰淇淋反烤水果派　**207**

Traybake sans cuisson aux figues, dattes et noix de pécan, ganache au chocolat et au café / 乾果、咖啡巧克力甘納許免烤蛋糕　**89**

Eau de rose / 玫瑰水

Eton mess à la rose, fraise et rhubarbe rôtie / 伊頓雜糕佐玫瑰、草莓、烤大黃 — **177**

Gâteau au yaourt, miel, eau de rose et pistaches / 開心果優格蛋糕佐玫瑰蜂蜜糖漿 — **136**

Faisselle / 費賽拉乾酪

Fontainebleau / 楓丹白露 — **44**

Fève Tonka / 香豆

Galette des rois au chocolat et crème d'amandes à la fève tonka / 巧克力香豆國王派 — **92**

Figue / 無花果

Traybake sans cuisson aux figues, dattes et noix de pécan, ganache au chocolat et au café / 乾果、咖啡巧克力甘納許免烤蛋糕 — **89**

Flocons d'avoine / 燕麥片

Cookies aux flocons d'avoine / 燕麥餅乾 — **56**

Fraise / 草莓

Carpaccio de fraises fraîches et sucre aux herbes aromatiques / 草莓薄片佐香料糖 — **196**

Eton mess à la rose, fraise et rhubarbe rôtie / 伊頓雜糕佐玫瑰、草莓、烤大黃 — **177**

Fontainebleau / 楓丹白露 — **44**

Pavlova / 莓果帕芙洛娃 — **18**

Soupe de fraises, pastèque et citronnelle, crème fouettée / 草莓西瓜檸檬草果汁 — **188**

Framboise / 覆盆子

Pavlova / 莓果帕芙洛娃 — **18**

Roulé aux framboises / 覆盆子蛋糕捲 — **192**

Sorbet aux poivrons rouges et aux framboises, chocolat, miettes de chocolat au poivre de Sarawak et fleur de sel / 紅椒覆盆子雪酪佐胡椒、海鹽巧克力餅乾 — **236**

Fruit de la Passion / 百香果

Panna cotta aux fruits de la Passion / 百香果奶酪 — **124**

Pavlova aux fruits de la Passion et à la mangue / 帕芙洛娃佐百香果&芒果 — **179**

Gelée de fruits rouges / 紅色水果凍

Pain perdu au beurre de cacahuètes et à la gelée / 法式吐司佐花生醬&果凍 — **161**

Gin / 琴酒

Sorbet façon Negroni / 內格羅尼雪酪 — **232**

Gingembre / 薑

Gâteau au chocolat, glaçage au yuzu et au gingembre / 巧克力蛋糕佐薑片柚子糖霜 — **75**

Glace au miso, coco, sirop d'érable et gingembre / 味噌薑味楓糖椰奶冰淇淋 — **218**

Tarte pliée aux pommes, sauce épicée au caramel et aux pommes / 摺疊蘋果塔佐香料焦糖醬 — **187**

Tiramisu à l'ananas, gingembre et yuzu, crème Chantilly / 柚香薑味鳳梨提拉米蘇 — **184**

Glace à la vanille / 香草冰淇淋

Affogato / 阿芙佳朵冰淇淋 — **241**

Banana split grillé, sauce au caramel au rhum brun et sauce fudge / 蜜烤香蕉佐焦糖蘭姆酒、巧克力淋醬 — **213**

Chocolat-café liégeois / 巧克力列日咖啡 — **21**

Tarte glacée aux cookies de flocons d'avoine, sauce au butterscotch / 麥片餅乾冰淇淋塔佐奶油糖淋醬 — **208**

Vacherin / 冰淇淋夾心蛋糕 — **30**

Grand Marnier / 柑曼怡

Crêpes Suzette / 橙香可麗餅 — **149**

Syllabub de Noël, compote de kumquats et d'airelles / 聖誕甜酒奶凍 — **111**

Guinness® / 健力士啤酒

Gâteau intense au chocolat parfumé à la Guinness®, glaçage chocolat et fleur de sel / 健力士巧克力蛋糕佐鹽之花巧克力糖霜 — **63**

Gaufres au chocolat, crème Chantilly et sauce caramel à la Guinness® / 巧克力鬆餅佐香醍鮮奶油&健力士焦糖醬 — **99**

Guinness® brownies / 健力士布朗尼 — **68**

Huile d'olive / 橄欖油

Gâteau au chocolat, aux amandes et à l'huile d'olive / 杏仁巧克力蛋糕 — **100**

Glace à l'huile d'olive / 橄欖油冰淇淋 — **226**

Jus de pomme / 蘋果汁

Tarte pliée aux pommes, sauce épicée au caramel et aux pommes / 摺疊蘋果塔佐香料焦糖醬 — **187**

Kirsch / 櫻桃酒

Tarte amandine aux poires / 洋梨杏仁塔 — **40**

Kumquat / 金棗

Syllabub de Noël, compote de kumquats et d'airelles / 聖誕甜酒奶凍 — **111**

Lait de coco / 椰奶

Glace au miso, coco, sirop d'érable et gingembre / 味噌薑味楓糖椰奶冰淇淋 — **218**

Panna cotta à la noix de coco et au citron vert / 檸檬椰子奶酪 — **200**

Slush au litchi / 荔枝冰沙 — **238**

Lait ribot / 白脫牛奶

Clafoutis aux pêches de vigne, sorbet au lait ribot et sucre au romarin / 蜜桃克拉芙緹佐牛奶雪酪&迷迭香糖 — **183**

Fluffy pancakes à l'américaine / 美式鬆餅 — **150**

Gâteau au chocolat au lait ribot, sucre brun et fleur de sel / 白脫牛奶巧克力蛋糕 — **79**

Gaufres au lait ribot à l'américaine / 美式白脫牛奶鬆餅 — **156**

L'ultime fudge cake au chocolat, glaçage au cream cheese / 巧克力蛋糕佐奶油起司糖霜 — **67**

Scones au citron, lait ribot et cassonade, beurre crunchy au citron / 檸檬司康佐檸檬奶醬 — **199**

Shortcake aux mûres et aux pommes / 黑莓蘋果蛋糕 — **173**

Lardons / 五花肉丁

Crumble aux pommes, sirop d'érable, lardons caramélisés et crème anglaise au laurier / 蘋果奶酥佐楓糖漿、焦糖肉丁&月桂香草醬 — **180**

Lemon curd / 檸檬蛋黃醬

Ice box cake au citron / 檸檬冰盒蛋糕 — **214**

Roulé aux framboises / 覆盆子蛋糕捲 — **192**

Litchi / 荔枝

Slush au litchi / 荔枝冰沙 — **238**

Sorbet de poire et litchi au saké / 西洋梨荔枝清酒雪酪 — **229**

Mangue / 芒果

Pavlova aux fruits de la Passion et à la mangue / 帕芙洛娃佐百香果&芒果 — **179**

Tatin aux bananes, mangues et dattes, glace à la crème fraîche / 冰淇淋反烤水果派 — **207**

Mascarpone / 馬斯卡彭起司

Banana split grillé, sauce au caramel au rhum brun et sauce fudge / 蜜烤香蕉佐焦糖蘭姆酒、巧克力淋醬 — **213**

Banoffee / 香蕉太妃派 — **17**

Banoffee au chocolat, glace rhum-raisin (sans sorbetière !), sauce fudge au chocolat / 巧克力太妃派佐巧克力醬、蘭姆葡萄冰淇淋（不用製冰器！） — **76**

Cheesecake au chocolat blanc et sirop d'érable au bourbon / 白巧克力起司蛋糕佐波本威士忌楓糖 — **107**

Cheesecake au citron / 檸檬起司蛋糕 — **112**

Chocolat-café liégeois / 巧克力列日咖啡 — **21**

Eton mess à la rose, fraise et rhubarbe rôtie / 177
伊頓雜糕佐玫瑰、草莓、烤大黃

Gâteau presque sans cuisson à la crème e marron, pommes et café / 免烤蛋糕佐栗子醬、蘋果泥&咖啡奶油　191

Gâteau roulé et glaçage au chocolat noir, chantilly au mascarpone / 巧克力糖霜蛋糕捲佐香緹馬斯卡彭奶油餡　64

Génoise chocolat et poire, tout fait maison, pour les meilleurs pâtissiers / 西洋梨巧克力海綿蛋糕 完全自製、獻給最棒的甜點師們　95

Matchamisu / 抹茶提拉米蘇　116

Minichoux au caramel à tremper dans leur crème au mascarpone / 焦糖迷你泡芙佐馬斯卡彭奶霜　165

Pavlova / 莓果帕芙洛娃　18

Pavlova aux fruits de la Passion et à la mangue / 帕芙洛娃佐百香果&芒果　179

Roulé aux framboises / 覆盆子蛋糕捲　192

Tarte au citron / 檸檬塔　38

Tiramisu à l'ananas, gingembre et yuzu, crème Chantilly / 柚香薑味鳳梨提拉米蘇　184

Trifle au citron et aux myrtilles pour les gourmands ultra-paresseux / 謹獻給極度懶惰的饕客：英式莓果杯　195

Vacherin / 冰淇淋夾心蛋糕　30

Marmelade d'oranges / 柳橙果醬
Pain perdu à la marmelade et au whisky / 法式吐司佐果醬&威士忌　158

Marsala / 瑪莎拉酒
Génoise chocolat et poire, tout fait maison, pour les meilleurs pâtissiers / 西洋梨巧克力海綿蛋糕 完全自製、獻給最棒的甜點師們　95

Menthe / 薄荷
Carpaccio de fraises fraîches et sucre aux herbes aromatiques / 草莓薄片佐香料糖　196

Slush à la pastèque / 西瓜冰沙　238

Sorbet menthe et citron vert, écorce de hocolat au cumin et piment / 薄荷檸檬雪酪佐孜然辣椒巧克力　235

Meringue / 蛋白霜
Eton mess à la rose, fraise et rhubarbe rôtie / 伊頓雜糕佐玫瑰、草莓、烤大黃　177

Miel / 蜂蜜
Banana split grillé, sauce au caramel au rhum brun et sauce fudge / 蜜烤香蕉佐焦糖蘭姆酒、巧克力淋醬　213

Biscuits au beurre tordus, yaourt glacé au miel et à la fleur d'oranger / 奶油曲型餅乾佐蜂蜜橙花優格冰淇淋　217

Cake aux dattes, bananes et miel, glaçage au whisky / 蜂蜜椰棗香蕉蛋糕佐威士忌糖霜　144

Fontainebleau / 楓丹白露　44

Gâteau au yaourt, miel, eau de rose et pistaches / 開心果優格蛋糕佐玫瑰蜂蜜糖漿　136

Miso blanc / 白味噌
Brownies au shiro miso / 白味噌布朗尼　80

Miso rouge / 紅味噌
Crème au miso rouge / 紅味噌奶霜　167

Glace au miso, coco, sirop d'érable et gingembre / 味噌薑味楓糖椰奶冰淇淋　218

Mûre / 黑莓
Shortcake aux mûres et aux pommes / 黑莓蘋果蛋糕　173

Myrtille / 藍莓
Trifle au citron et aux myrtilles pour les gourmands ultra-paresseux / 謹獻給極度懶惰的饕客：英式莓果杯　195

Noisettes / 榛果
Dacquoise au café, ganache au chocolat et praline aux noisettes / 咖啡達克瓦茲蛋糕　29

Dacquoise au moka / 摩卡達克瓦茲蛋糕　86

Noix / 核桃
Gâteau au café et aux noix, glaçage à la crème au beurre / 核桃咖啡蛋糕佐奶油糖霜　139

LE carrot cake / 紅蘿蔔蛋糕　133

Noix de pécan / 山核桃
Riz au lait au caramel de L'Ami Jean / 焦糖米布丁　25

Traybake sans cuisson aux figues, dattes et noix de pécan, ganache au chocolat et au café / 乾果、咖啡巧克力甘納許免烤蛋糕　89

Orange / 柳橙
Crème brûlée au safran, sorbet à l'orange sanguine, cookies au beurre noisette / 番紅花烤布蕾佐血橙雪酪、榛果餅乾　120

Crêpes Suzette / 橙香可麗餅　149

Eton mess à la rose, fraise et rhubarbe rôtie / 伊頓雜糕佐玫瑰、草莓、烤大黃　177

Gâteau de polenta au chocolat et à l'orange / 橙香玉米粥蛋糕　83

Gâteau succulent aux clémentines / 柑橘蛋糕　174

Riz au lait à la vanille, pruneaux à l'armagnac / 香草米布丁佐雅馬邑白蘭地漬李　108

Sorbet façon Negroni / 內格羅尼雪酪　232

Syllabub de Noël, compote de kumquats et d'airelles / 聖誕甜酒奶凍　111

Pain brun / 全麥麵包
Glace au pain brun (sans sorbetière) / 麵包冰淇淋（不需製冰器）　225

Pain de mie / 吐司
Pain perdu à la marmelade et au whisky / 法式吐司佐果醬&威士忌　158

Pain perdu au beurre de cacahuètes et à la gelée / 法式吐司佐花生醬&果凍　161

Pamplemousse / 葡萄柚
Curd au pamplemousse / 葡萄柚蛋黃醬　203

Pastèque / 西瓜
Slush à la pastèque / 西瓜冰沙　238

Sorbet façon Negroni / 內格羅尼雪酪　232

Soupe de fraises, pastèque et citronnelle, crème fouettée / 草莓西瓜檸檬草果汁　188

Pâte d'amandes / 杏仁塔皮
Tarte amandine aux poires / 洋梨杏仁塔　40

Pâte feuilletée / 千層酥皮
Galette des rois au chocolat et crème d'amandes à la fève tonka / 巧克力香豆國王派　92

Tarte Tatin et crème fraîche au calvados / 反烤蘋果塔佐卡爾瓦多斯酸奶油　34

Tatin aux bananes, mangues et dattes, glace à la crème fraîche / 冰淇淋反烤水果派　207

Pâte sablée / 油酥麵團
Tarte au chocolat noir / 巧克力塔　37

Pýche de vigne Clafoutis aux pêches de vigne, sorbet au lait ribot et sucre au romarin / 蜜桃克拉芙緹佐牛奶雪酪&迷迭香糖　183

Pignons / 松子
Gâteau aux pignons de pin, amandes, citron et -ricotta / 松子蛋糕佐杏仁、檸檬、瑞可塔起司　142

Piment / 辣椒
Sorbet menthe et citron vert, écorce de chocolat au cumin et piment / 薄荷檸檬雪酪佐孜然辣椒巧克力　235

Pistaches / 開心果
Gâteau au yaourt, miel, eau de rose et pistaches / 開心果優格蛋糕佐玫瑰蜂蜜糖漿　136

Gâteau succulent aux clémentines / 柑橘蛋糕 — **174**

Poire / 西洋梨

Brioche perdue façon Cyril Lignac / 帥哥廚師里尼亞克的法式吐司 — **154**

Génoise chocolat et poire, tout fait maison, pour les meilleurs pâtissiers / 西洋梨巧克力海綿蛋糕 完全自製、獻給最棒的甜點師們 — **95**

Sorbet de poire et litchi au saké / 西洋梨荔枝清酒雪酪 — **229**

Tarte amandine aux poires / 洋梨杏仁塔 — **40**

Poivron rouge / 紅椒

Sorbet aux poivrons rouges et aux framboises, chocolat, miettes de chocolat au poivre de Sarawak et fleur de sel / 紅椒覆盆子雪酪佐胡椒、海鹽巧克力餅乾 — **236**

Polenta / 義式玉米粥

Gâteau de polenta au chocolat et à l'orange / 橙香玉米粥蛋糕 — **83**

Pomme / 蘋果

Brioche perdue façon Cyril Lignac / 帥哥廚師里尼亞克的法式吐司 — **154**

Crumble aux pommes, sirop d'érable, lardons caramélisés et crème anglaise au laurier / 蘋果奶酥佐楓糖漿、焦糖肉丁& 月桂香草醬 — **180**

Gâteau presque sans cuisson à la crème de marron, pommes et café / 免烤蛋糕佐栗子醬、蘋果泥&咖啡奶油 — **191**

Shortcake aux mûres et aux pommes / 黑莓蘋果蛋糕 — **173**

Tarte pliée aux pommes, sauce épicée au caramel et aux pommes / 摺疊蘋果塔佐香料焦糖醬 — **187**

Tarte Tatin et crème fraîche au calvados / 反烤蘋果塔佐卡爾瓦多斯酸奶油 — **34**

Pop corn / 爆米花

Glace au popcorn et sauce fumée au chocolat / 爆米花冰淇淋佐煙燻巧克力淋醬 — **221**

Poudre d'amandes / 烘焙用杏仁粉

Clafoutis aux pêches de vigne, sorbet au lait ribot et sucre au romarin / 蜜桃克拉芙緹佐牛奶雪酪&迷迭香糖 — **183**

Financiers / 金磚蛋糕 — **48**

Galette des rois au chocolat et crème d'amandes à la fève tonka / 巧克力香豆國王派 — **92**

Gâteau au chocolat, aux amandes et à l'huile d'olive / 杏仁巧克力蛋糕 — **100**

Gâteau au yaourt, miel, eau de rose et pistaches / 開心果優格蛋糕佐玫瑰蜂蜜糖漿 — **136**

Gâteau succulent aux clémentines / 柑橘蛋糕 — **174**

L'ultime fudge cake au chocolat, glaçage au cream cheese / 巧克力蛋糕佐奶油起司糖霜 — **67**

Pruneau / 李子

Riz au lait à la vanille, pruneaux à l'armagnac / 香草米布丁佐雅馬邑白蘭地漬李 — **108**

Quatre-quarts / 奶油磅蛋糕

Trifle au citron et aux myrtilles pour les gourmands ultra-paresseux / 謹獻給極度懶惰的饕客：英式莓果杯 — **195**

Raisins secs / 葡萄乾

Banoffee au chocolat, glace rhum-raisin (sans sorbetière !), sauce fudge au chocolat / 巧克力太妃派佐巧克力醬、蘭姆葡萄冰淇淋（不用製冰器！） — **76**

Rhubarbe / 大黃

Eton mess à la rose, fraise et rhubarbe rôtie / 伊頓雜糕佐玫瑰、草莓、烤大黃 — **177**

Rhum / 蘭姆酒

Affogato / 阿芙佳朵冰淇淋 — **241**

Banana split grillé, sauce au caramel au rhum brun et sauce fudge / 蜜烤香蕉佐焦糖蘭姆酒、巧克力淋醬 — **213**

Banoffee au chocolat, glace rhum-raisin (sans sorbetière !), sauce fudge au chocolat / 巧克力太妃派佐巧克力醬、蘭姆葡萄冰淇淋（不用製冰器！） — **76**

Croissants perdus au caramel et au bourbon / 法式可頌吐司佐焦糖、波本威士忌 — **153**

Truffes de cookies Oreo® et cream cheese, milk-shake au moka / 奧利歐松露球佐摩卡奶昔 — **103**

Ricotta / 瑞可塔起司

Gâteau aux pignons de pin, amandes, citron et ricotta / 松子蛋糕佐杏仁、檸檬、瑞可塔起司 — **142**

Riz / 米

Riz au lait à la vanille, pruneaux à l'armagnac / 香草米布丁佐雅馬邑白蘭地漬李 — **108**

Riz au lait au caramel de L'Ami Jean / 焦糖米布丁 — **25**

Safran / 番紅花

Crème brûlée au safran, sorbet à l'orange sanguine, cookies au beurre noisette / 番紅花烤布蕾佐血橙雪酪、榛果餅乾 — **120**

Saké / 清酒

Sorbet de poire et litchi au saké / 西洋梨荔枝清酒雪酪 — **229**

Sirop d'érable / 楓糖漿

Cheesecake au chocolat blanc et sirop d'érable au bourbon / 白巧克力起司蛋糕佐波本威士忌楓糖 — **107**

Crumble aux pommes, sirop d'érable, lardons caramélisés et crème anglaise au laurier / 蘋果奶酥佐楓糖漿、焦糖肉丁& 月桂香草醬 — **180**

Glace au miso, coco, sirop d'érable et gingembre / 味噌薑味楓糖椰奶冰淇淋 — **218**

Sorbet à la framboise ou à la fraise / 覆盆子雪酪或草莓雪酪

Vacherin / 冰淇淋夾心蛋糕 — **30**

Thé Earl Grey / 伯爵茶

Riz au lait à la vanille, pruneaux à l'armagnac / 香草米布丁佐雅馬邑白蘭地漬李 — **108**

Thé matcha / 抹茶

Matchamisu / 抹茶提拉米蘇 — **116**

Panna cotta au thé matcha, sauce au chocolat au lait / 抹茶奶酪佐牛奶巧克力淋醬 — **119**

Whisky / 威士忌

Affogato / 阿芙佳朵冰淇淋 — **241**

Cake aux dattes, bananes et miel, glaçage au whisky / 蜂蜜椰棗香蕉蛋糕佐威士忌糖霜 — **144**

Crèmes Irish coffee / 鮮奶油愛爾蘭咖啡 — **123**

Croissants perdus au caramel et au bourbon / 法式可頌吐司佐焦糖、波本威士忌 — **153**

Glace au pain brun (sans sorbetière) / 麵包冰淇淋（不需製冰器） — **225**

Pain perdu à la marmelade et au whisky / 法式吐司佐果醬&威士忌 — **158**

Yaourt / 優格

Biscuits au beurre tordus, yaourt glacé au miel et à la fleur d'oranger / 奶油曲型餅乾佐蜂蜜橙花優格冰淇淋 — **217**

Gâteau au yaourt, miel, eau de rose et pistaches / 開心果優格蛋糕佐玫瑰蜂蜜糖漿 — **136**

Yaourt grec à la cannelle, coriandre, vergeoise et chocolat / 肉桂希臘優格佐香菜紅糖巧克力 — **115**

Yuzu / 柚子

Gâteau au chocolat, glaçage au yuzu et au gingembre / 巧克力蛋糕佐薑片柚子糖霜 — **75**

Tiramisu à l'ananas, gingembre et yuzu, crème Chantilly / 柚香薑味鳳梨提拉米蘇 — **184**

國家圖書館出版品預行編目 (CIP) 資料

銷魂甜點 100 / 崔西·德桑妮著；Luciole 譯 .── 初版 .──
新北市：遠足文化，2016.04　面；公分 .── (Dolce vita ; 3)
譯自：Et mourir de plaisir : 100 desserts à tomber
ISBN 978-986-92889-1-0 (精裝)
1. 點心食譜

427.16　　　　　　　　　　　　　105003443

Dolce Vita 03

銷魂甜點100

法國百萬冊暢銷食譜作家　教你製作令人吮指回味的歐式甜點

Et mourir de plaisir: 100 desserts à tomber

作者───── 崔西·德桑妮 (Trish Deseine)
譯者───── Luciole
總編輯──── 郭昕詠
責任編輯── 王凱林
編輯───── 賴虹伶、徐昉驊、陳柔君、黃淑真、李宜珊
通路行銷── 何冠龍
封面設計── 霧室
排版───── 健呈電腦排版股份有限公司

社長───── 郭重興
發行人兼
出版總監── 曾大福

出版者──── 遠足文化事業股份有限公司
地址───── 231 新北市新店區民權路 108-2 號 9 樓
電話───── (02)2218-1417
傳真───── (02)2218-1142
電郵───── service@bookrep.com.tw
郵撥帳號── 19504465
客服專線── 0800-221-029
部落格──── http://777walkers.blogspot.com/
網址───── http://www.bookrep.com.tw
法律顧問── 華洋法律事務所　蘇文生律師
印製───── 成陽印刷股份有限公司
電話───── (02)2265-1491

初版一刷　西元 2016 年 4 月
Printed in Taiwan

Et Mourir de plaisir © Hachette-Livre (Hachette Pratique), 2014.
author of the texts : Trish Deseine ; photos by Guillaume Czerw

崔西・德桑妮 Trish Deseine

愛爾蘭人，於 1987 年移居法國巴黎。

崔西是美食作家，於 2009 年被法國 Vogue 雜誌評選為十年來最具影響力的女性之一。她也曾任愛爾蘭 RTE 和英國 BBC 頻道的美食節目主持人，也為法國 ELLE 雜誌、愛爾蘭 Times 雜誌的美食專欄作家。

自 2001 年，崔西出版的第一本食譜書《與朋友共享的小點心》便獲得了法國拉杜麗 (Ladurée) 及 SEB 大獎的肯定。而她的第二本食譜《我要巧克力！》不僅榮獲世界美食家食譜大獎，更是創下 50 萬冊的銷售佳績！總體而言，至今崔西所出版的食譜書，累積銷量已超過一百萬冊！